Online-Personalsuche

Online-Personalsuche

Alexander Fedossov | Jan Kirchner

Praxishandbuch für aktive Personalbeschaffung im Internet

Die Autoren:
Alexander Fedossov und Jan Kirchner betreiben eine auf mittelständische Unternehmen in Technik, IT und Handwerk spezialisierte Personalberatung in Hamburg und haben mit „JobTweet" (www.jobtweet.de) die erste mehrsprachige Twitter-Stellensuchmaschine entwickelt. Ihr Personalberater-Blog „Wollmilchsau" (www.personalberater-blog.de) gehört zu den profiliertesten Quellen für Online-Recruiting im deutschsprachigen Raum.

Bibliographische Information der Deutschen Nationalbibliothek

Die Deutsche Nationalbibliothek verzeichnet diese Publikation in der Deutschen Nationalbibliografie; detaillierte bibliografische Daten sind im Internet über http://dnb.d-nb.de abrufbar.

Nordkanalstraße 52-56, D-20097 Hamburg
Telefon: (040) 530 293 82
Email: buch@personalberater-blog.de
personalberater-blog.de

Lektorat: Sabrina Panknin, Hamburg
Coverentwurf: Wollmilchsau Labs
Satz, Umschlaggestaltung, Herstellung und Verlag: Books on Demand GmbH, Norderstedt

ISBN 978-3-8391-9223-8

1. Auflage 2009

Für unsere Familien

Inhalt

1. Vorwort

Die in diesem Buch beschriebenen Methoden basieren auf langjährigen Erfahrungen in der Internetrecherche und unserer beruflichen Tätigkeit als Personalberater/ Headhunter (**atenta Personalberatung** - www.atenta.de) sowie der stetigen Erforschung neuer Internettechnologien. Alle Anwendungen wurden von uns erprobt und spiegeln den derzeitigen Stand der Möglichkeiten wider.

An wen richtet sich dieses Buch?

Dieses Buch richtet sich an all diejenigen, die in ihrer Funktion als Personalberater, Personalvermittler, Unternehmer oder Personalverantwortliche eines Unternehmens für die Suche und Auswahl von Führungs- und Fachkräften verantwortlich sind. Ferner sollten die Leserinnen und Leser erkannt haben, dass die gezielte Personalsuche im Internet, herkömmliche Suchmethoden wie z.B. Zeitungsanzeigen hinsichtlich der Resultate weit in den Schatten stellt, aber auch, das Online-Jobbörsen nur den Anfang, keineswegs aber das Ende der existierenden Methoden zur Online-Personalsuche dar stellen.

Welche Kenntnisse dieses Buch voraussetzt und was Sie aus ihm lernen?

Die beschriebenen Techniken setzen neben den selbstverständlichen Grundkenntnissen der Internetnutzung voraus, dass Sie das Interesse mitbringen, sich in neue Internetanwendungen einzuarbeiten. Wenn dies auf Sie zutrifft, zeigen wir Ihnen in diesem Buch die wichtigsten Anwendungen für die aktive Online-Personalsuche in den kommenden Jahren. Da der Fokus des Buches neben der Vermittlung von etablierten Wegen der Online-Personalsuche vor allem auf der Vermittlung von zukunftsträchtigen Methoden liegt, werden einige der beschriebenen Anwendungen Ihr volles Potenzial für die Personalsuche erst in den kommenden Jahren entfalten. In Anbetracht des stärker werdenden Wettbewerbs um qualifizierte Mitarbeiter („War for Talent"), ist es jedoch essentiell, sich rechtzeitig auf neue Technologien einzustellen und innovative Methoden frühzeitig zu erproben, um im Wettbewerb um die besten Mitarbeiter langfristig erfolgreich zu sein und die Wettbewerbsfähigkeit des eigenen Unternehmens zu stärken.

Wie ist dieses Buch aufgebaut?

Die Gliederung des Buches orientiert sich anhand der verschiedenen Entwicklungsstufen des Internets. Nach einer Einführung in die Grundlagen der Online-Personalsuche machen wir Sie in den Abschnitten Web 1.0, Web 2.0 und Web 3D mit den für die Personalsuche bedeutsamen und interessanten Internetanwendungen vertraut. Die Kapitel setzen sich aus einem einführenden Teil in die jeweilige Anwendungstechnologie und einem spezielleren Teil mit detaillierten Methodenbeschreibungen zusammen. Erfahrene Internetnutzer haben so die Möglichkeit, den einführenden Teil zu überspringen, und sich direkt auf die Schlüsseltechniken der Online-Personalsuche zu konzentrieren.

Um Ihnen ein gezieltes Nachschlagen der in diesem Buch verwendeten Fachbegriffe zu ermöglichen, finden Sie am Ende des Buches ein Glossar. Die dort enthaltenen Begriffe sind jeweils beim ersten Auftreten innerhalb eines Unterkapitels durch einen Asterisken (*) am Ende des Wortes gekennzeichnet. Englische Begriffe, die in Fachkreisen und -texten sehr häufig verwendet werden, finden Sie bei erstmaligem Auftreten in Klammern hinter dem deutschen Wort.

Die in nahezu allen Teilen dieses Buches enthaltenen Anwendungsbeispiele für die Kandidatenrecherche mit Websuchmaschinen beziehen sich, soweit nicht anders gekennzeichnet, auf die Websuchmaschine *Google*.

Wir hoffen, Ihnen ein anregendes und aufschlussreiches Lesevergnügen zu bereiten. Falls sich aus der Lektüre weitergehende Fragen ergeben, können Sie diese in unserem Personalberater-Blog „Wollmilchsau" unter www.personalberater-blog.de gerne an uns herantragen.

Über Hinweise, Anregungen und konstruktive Kritik freuen wir uns.

Hamburg im Juli 2009

2. Einführung - Hintergrundwissen für die Websuche

Definition: Internet

Das Internet ist ein Verbund von Computernetzwerken. Um aus dem oft chaotisch erscheinenden Gefüge „Internet" sinnvoll(e) Informationen extrahieren zu können ist es hilfreich „Das Internet" zuerst einmal in kleinere Einheiten aufzugliedern. Die über das Internet verfügbaren „Dienste" heißen Internetdienste. Der bekannteste Internetdienst, das World Wide Web (WWW), hat das Internet bekannt gemacht, und wird fälschlicherweise oft als Synonym für das Internet verwendet. Weitere bekannte Internetdienste sind Email, Usenet (Newsgroups), Internet Relay Chat (IRC), File Transfer Protocol (FTP), VoIP (Internettelefonie z.B. Skype) und Instant Messaging (IM z.B. ICQ).

Für die Online-Personalsuche sind neben dem *World Wide Web* nur das *Usenet* und der *Internet Relay Chat* (IRC) geeignet, da dies die einzigen drei Internetdienste sind, die sich (gezielt) zur Auffindung von geeigneten Kandidaten für Ihre offenen Stellen durchsuchen lassen.

Definition: Suchmaschinen

Suchmaschinen (search engines) dienen dem Wiederauffinden von Datensätzen verschiedener Medienformate aus großen Datenmengen (Informationsrückgewinnung - information retrieval).

Suchmaschinen sind Programme die anhand von Schlüsselwörtern (Keywords) in speziellen Datenbanken, den Suchmaschinen-Indizes* nach dort im Vorfeld indizierten Daten suchen.

Suchmaschinen gibt es für verschiedene Dienste, so z.B. Websuchmaschinen für die Suche im World Wide Web, Usenet-Suchmaschinen für die Suche im Usenet, Intranet-Suchmaschinen für die Suche in lokalen bzw. unternehmensinternen Computernetzwerken und Desktop-Suchmaschinen zum Durchsuchen des eigenen Rechners. Hier beschränken wir uns aufgrund Ihrer großen Bedeutung für die Personalsuche auf Websuchmaschinen.

Definition: Internetsuche

Eine professionelle Internetsuche dient dem Ziel, die im Internet vorhandenen Datensätze anhand von vorab festgelegten Kriterien zu filtern, und irrelevante Informationen systematisch auszuschließen. Das weit verbreitete „Surfen" durch die Ergebnislisten der Suchmaschinen ist mit dieser systematischen Suche nicht vergleichbar. Die Fähigkeit zur systematischen Suche lässt sich mit den in den folgenden Kapiteln vermittelten Techniken leicht erlernen. Die Kenntnis dieser Suchtechniken wird es Ihnen ermöglichen, die Qualität Ihrer Suchergebnisse entscheidend zu steigern. Da diese Qualitätssteigerung eine Verringerung der Suchergebnisse einschließt, werden Sie in Zukunft nicht nur bessere Ergebnisse erzielen, sondern auch viel Zeit sparen.

3. Keywording - Die Identifizierung der richtigen Suchbegriffe

Die Recherche nach allgemein gebräuchlichen Suchbegriffen und ihren Synonymen, das sog. Keywording*, ist der erste Schritt einer jeden professionellen Informationssuche. Das Keywording dient dazu, im Vorfeld des eigentlichen Suchvorgangs Begriffe zu identifizieren, die verwendet werden um einen bestimmten Themenbereich zu beschreiben oder danach zu suchen. Neben der Recherche nach Kandidatenprofilen ist Keywording daher auch für die Formulierung von Online-Stellenanzeigen von entscheidender Bedeutung. Dadurch wird vermieden, dass relevante Daten nur aufgrund von unterschiedlichem Sprachgebrauch nicht gefunden werden.

Dieser Vorgang lässt sich am einfachsten anhand eines konkreten Beispiels erklären. Nichts ist in der Personalbeschaffung so entscheidend wie berufsbezogene Informationen über mögliche Kandidaten, welche gemeinhin unter dem Begriff „Lebenslauf" verbreitet werden. Die zunehmende Internationalisierung und die damit einhergehende Verbreitung der englischen Sprache haben jedoch dazu geführt, dass der ursprünglich aus dem Lateinischen stammende Begriff „Curriculum Vitae", oder kurz „CV", wieder verwendet wird. Das Problem einer Suche ohne vorheriges Keywording wird sofort deutlich. Sucht ein Personalbeschaffer ausschließlich mit dem Suchbegriff „Lebenslauf", entgehen ihm alle Dokumente, die von ihren Verfassern als „CV" oder „Curriculum Vitae" betitelt wurden. Weitere mögliche Bezeichnungen für Dokumente mit berufsrelevanten Informationen des Verfassers sind „Profil", „Qualifikationsprofil", „Kurzprofil", „Portfolio", „Beruflicher Werdegang", „Persönlicher Werdegang" oder auch „Vita".

Wie aber bringen Sie in Erfahrung, welches die gängigen Begriffe zur Beschreibung eines bestimmten Themenkomplexes sind? Zunächst erstellen Sie mit Hilfe von Synonymwörterbüchern und Keyword-Tools* eine Liste möglicher Schlüsselwörter. Nachfolgend finden Sie eine entsprechende Aufstellung der wichtigsten Web-Anwendungen:

Synonymwörterbücher im Web:

http://www.openthesaurus.de

http://wortschatz.uni-leipzig.de/

http://www.wie-sagt-man-noch.de/synonyme/

http://synonyme.woxikon.de/

http://www.woerterbuch.info

http://synonyme.dict2.de/

Keyword-Tools im Web:

Google Keyword Tool

https://adwords.google.com/select/KeywordToolExternal

MetaGer Web Assoziator

http://metager.de/asso.html

SemaGer (Semantische Suchmaschine) - Verwandte Wörter finden

http://www.semager.de/keywords/?lang=de

MiVa Keyword Generator

https://account.de.miva.com/advertiser/Account/Popups/KeywordGenBox.asp

Keyword Discovery (kostenpflichtige Version unter keyworddiscovery.com)

http://tools.blackhat-seo.com/keyword-discovery

Keyworddatenbank (kostenpflichtig)

http://www.keyword-datenbank.de

Gebrauchshäufigkeitsanalyse der ermittelten Keywords:

Nachdem Sie alle für Ihren Themenkomplex relevanten Keywords ermittelt haben, sollten Sie diese aus Effizienzgründen nach der Häufigkeit ihres Auftretens ordnen. So erhalten Sie eine Prioritätenliste für die anschließende Online-Recherche. Zu diesem Zweck bedienen wir uns zweier kostenloser Webtools* von *Google; Google Trends* und *Google Insights:*

Google Trends [http://www.google.de/trends]

Google Insights [http://www.google.com/insights/search/#]

Beide Webanwendungen* bieten die Möglichkeit verschiedene Suchbegriffe (Keywords) hinsichtlich ihrer Gebrauchshäufigkeit miteinander zu vergleichen. *Google Insights* bietet den Vorteil, die Suche auf ein bestimmtes Land (in unserem Fall Deutschland, Österreich oder die Schweiz) eingrenzen zu können. Dies ist insbesondere bei Suchbegriffen von Bedeutung, die in mehreren Sprachen verwendet werden, was zu einer erheblichen Verzerrung der Ergebnisse führen kann (z.B. „Curriculum Vitae").

Die Datengrundlage solcher Keyword-Tools bilden die bei *Google* und anderen Websuchmaschinen eingegebenen Suchanfragen. Das Ergebnis des Vergleichs wird in Form eines Diagramms relativer Häufigkeiten angezeigt:

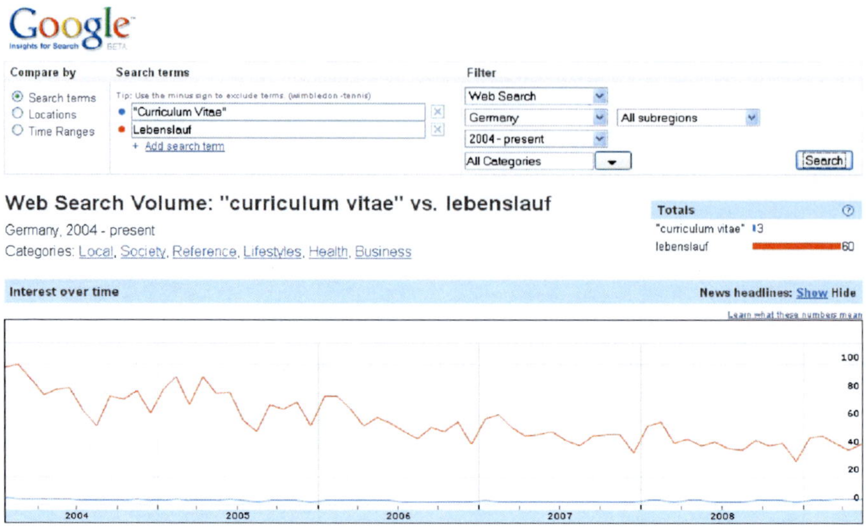

Google Insights - Eingabemaske und Ergebnisansicht

Google Trends - Eingabemaske und Ergebnisansicht

Falls Sie Ihren Vergleich lieber anhand von absoluten Zahlen anstelle von relativen Werten durchführen möchten, können Sie auch das *Google Keyword Tool* oder die *Ranking Check Keyword Datenbank* verwenden:

Google Keyword Tool [https://adwords.google.com/select/KeywordToolExternal]

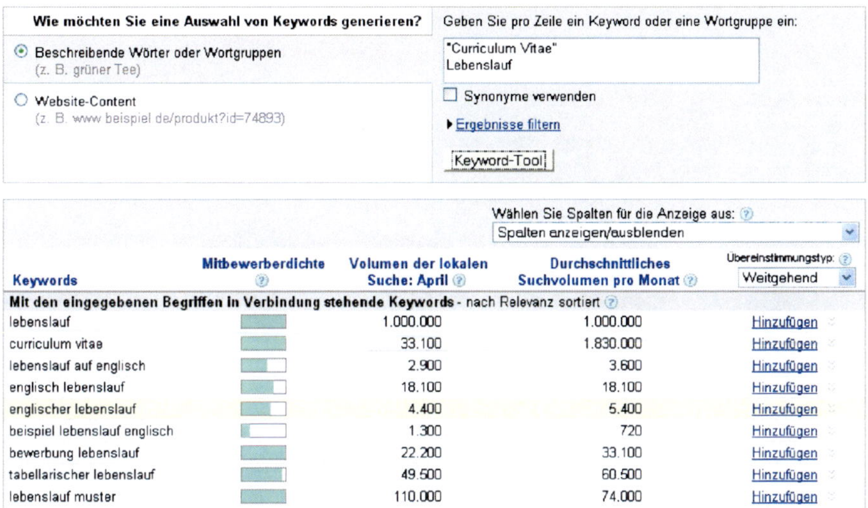

Google Keyword Tool - Eingabemaske und Ergebnisansicht

Ranking Check [http://www.ranking-check.de/keyword-datenbank.php]

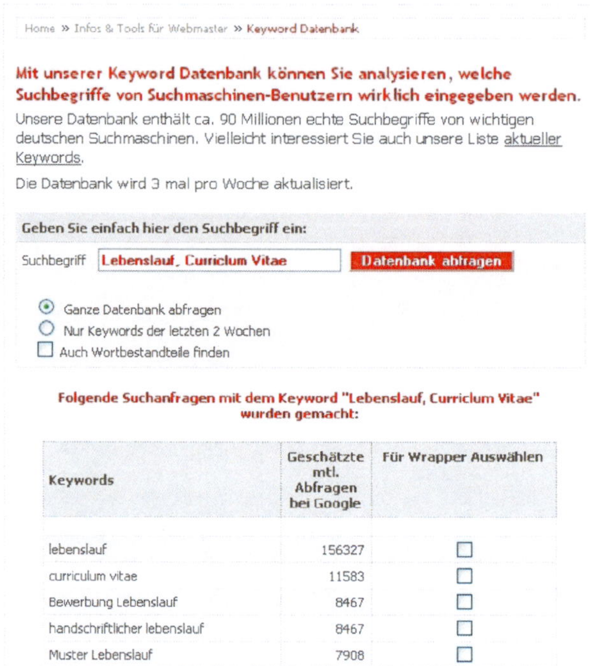

Home » Infos & Tools für Webmaster » Keyword Datenbank

Mit unserer Keyword Datenbank können Sie analysieren, welche Suchbegriffe von Suchmaschinen-Benutzern wirklich eingegeben werden.

Unsere Datenbank enthält ca. 90 Millionen echte Suchbegriffe von wichtigen deutschen Suchmaschinen. Vielleicht interessiert Sie auch unsere Liste aktueller Keywords.

Die Datenbank wird 3 mal pro Woche aktualisiert.

Geben Sie einfach hier den Suchbegriff ein:

Suchbegriff: Lebenslauf, Curriclum Vitae — Datenbank abfragen

- Ganze Datenbank abfragen
- Nur Keywords der letzten 2 Wochen
- Auch Wortbestandteile finden

Folgende Suchanfragen mit dem Keyword "Lebenslauf, Curriclum Vitae" wurden gemacht:

Keywords	Geschätzte mtl. Abfragen bei Google	Für Wrapper Auswählen
lebenslauf	156327	☐
curriculum vitae	11583	☐
Bewerbung Lebenslauf	8467	☐
handschriftlicher lebenslauf	8467	☐
Muster Lebenslauf	7908	☐

Rankingcheck.de - Abfrage der Keyworddatenbank

Dabei ist zu beachten, dass die dort angegebenen absoluten Häufigkeiten ebenfalls keine Originalwerte, sondern hochgerechnete Schätzwerte darstellen, die darüber hinaus bei beiden Tools* teilweise stark variieren. Für die Erstellung einer Prioritätenliste sind die Ergebnisse in der Regel jedoch präzise genug.

Wie die obigen Screenshots zeigen, wird der Begriff „Lebenslauf" häufiger verwendet als der Begriff „Curriculum Vitae". Dieser Vergleich lässt sich durch die Hinzunahme der eingangs genannten Synonyme erweitern, so dass Sie am Ende Ihrer Keywordanalyse über eine Prioritätenliste für die anschließende Websuche verfügen. So stellen Sie sicher, dass Sie sich bei der Web-Recherche auf die effektivsten Suchbegriffe zuerst konzentrieren.

4. Web 1.0

4.1 Personalsuche mit Websuchmaschinen

Personalsuche ist Informationssuche. Die Suche nach Informationen, die sie direkt oder indirekt zu Personen führen, die auf das Profil der von Ihnen zu besetzenden Stelle passen. Im Idealfall besteht das Ergebnis Ihrer Websuche aus einer mehr oder weniger großen Anzahl von ausführlichen Lebensläufen, inklusive der dazugehörenden Kontaktdaten. Im Realfall, und mit parallel zu den Qualifikationsanforderungen steigender Wahrscheinlichkeit, ergibt Ihre Websuche lediglich Hinweise auf geeignete Personen, liefert Ihnen jedoch weder ein vollständiges Profil, noch die Möglichkeit zur (direkten) Kontaktaufnahme. Personalsuche wird dann zur investigativen Recherche.

4.1.1 Wie Websuchmaschinen Daten erfassen

Websuchmaschinen indizieren mit speziellen Programmen, sog. Webcrawlern* (auch Spider* oder Bot*), die Inhalte von Webseiten und die darin enthaltenen (Text-)Dokumente wie z.B. Lebensläufe, und legen diese anhand von inhaltsbeschreibenden Stichworten (Deskriptoren*) in einer Datenbank, dem Suchmaschinen-Index*, ab. Dieser Suchmaschinen-Index ist die Datenbasis für die Suchanfragen der Nutzer. Webinhalte, die nicht von den Webcrawlern erfasst und in der Datenbank abgelegt sind, werden bei Suchanfragen nicht berücksichtigt. Da es aus technischen Gründen keine Websuchmaschine gibt, die in der Lage ist sämtliche im World Wide Web existierenden Inhalte (Webseiten) zu erfassen, kann man als Suchmaschinen-Nutzer folglich nicht auf alle im Web vorhandenen Daten zugreifen.

Aus diesem Grund wird das Web in zwei Bereiche unterteilt, das Oberflächenweb (Surface Web*) und das Versteckte Web (Deep Web*). Das Oberflächenweb ist, vereinfacht gesagt, der Teil des Webs, der über Websuchmaschinen zugänglich, und daher für die Personalsuche besonders relevant ist.

4.1.2 Websuchmaschinen im Überblick

Die bekannteste Websuchmaschine ist *Google*. *Google* verfügt im deutschsprachigen Raum laut dem Web-Statistikdienst webhits.de über einen Marktanteil von ca. 86,3 % aller Suchanfragen. *Bing* (inkl. *MSN Live Search*) liegt mit einem Anteil von 6,6 % des Suchaufkommens auf dem zweiten Platz, gefolgt von *Yahoo!* mit 2,6 %. Die verbleibenden viereinhalb Prozent teilen sich alle weiteren Suchmaschinen (Stand 16. Juli 2009).

Um Ihnen zu zeigen, wie Sie diese drei Suchmaschinen effektiv zur Personalsuche einsetzen können, geben wir Ihnen zuerst einen Überblick über die verschiedenen Suchbefehle (Operatoren*), mit deren Hilfe sich die Qualität der Suchergebnisse beeinflussen lässt. Da nicht alle Websuchmaschinen dieselben Suchbefehle unterstützen, werden sie in gesonderten Abschnitten behandelt.

Am Ende dieses Kapitels finden Sie eine tabellarische Gesamtübersicht der Operatoren aller drei Suchmaschinen, der Sie auf einen Blick entnehmen können, welche Suchoperatoren jede der drei Suchmaschinen in der Anwendungspraxis unterstützt.

4.1.3 Personalsuche mit Google [www.google.de]

4.1.3.1 Groß- und Kleinschreibung

Google macht nach eigenen Angaben keinen Unterschied zwischen Groß- und Kleinschreibung (case insensitive*). Praktische Erfahrungen und verschiedene Tests haben jedoch gezeigt, dass sich Unterschiede in der Groß- und Kleinschreibung auf die Reihenfolge der Suchergebnisse auswirken. Im Rahmen von zwei Suchvorgängen mit identischen Suchbegriffen und derselben Anordnung, die sich lediglich in Bezug auf die Groß- und Kleinschreibung unterscheiden, weist die Trefferliste eine abweichende Reihenfolge auf.

4.1.3.2 Die Suche mit mehreren Suchbegriffen

Google bietet die Möglichkeit bis zu 32 Suchbegriffe pro Suchvorgang zu berücksichtigen. Werden mehr als 32 Suchbegriffe eingegeben, so ignoriert *Google* die zusätzlichen Stichwörter. Zu beachten ist bei einer Mehrwortsuche, dass *Google* häufig vorkommende Wörter (sog. Stop-Wörter*), wie z.B. *und, oder, im, der, die, das, wie, wo...* sowie Satz- und Sonderzeichen (Kommata, Punkte, @ etc.) und alleinstehende Zahlen, standardmäßig nicht berücksichtigt, da sie in der Regel nicht zur Steigerung der Treffergenauigkeit beitragen und die Suche verlangsamen.

4.1.3.3 Boolesche Operatoren

Die bekanntesten Operatoren zur Konkretisierung von Suchanfragen an Websuchmaschinen sind die sogenannten *Booleschen Operatoren** **AND** (eng. f. und), **OR** (eng. f. oder) und **NOT** (eng. f. nicht). Sie dienen der **Verbindung von Suchbegriffen** (AND), dem **Ausschluss von Suchbegriffen** (NOT) sowie der Festlegung **eines alternativen Nebeneinanders** (OR). Für die Eingabe in Suchmaschinen sollten grundsätzlich die Alternativzeichen + (Plus), - (Minus) und | (Pipe-Symbol - Tastenkombination: Alt Gr und >) verwendet werden.

Der AND-Operator

Der **AND**- bzw. **Plus-Operator** (+) dient zum Verknüpfen von Suchbegriffen. Mit dem Plus-Operator erzwingt man ferner die Berücksichtigung von Stop-Wörtern und Zahlen bei Suchabfragen aus mehreren Wörtern. Zu diesem Zweck wird am Anfang von Stopwörtern und Zahlen ein Pluszeichen hinzugefügt. Die Suche nach *Wort1 Wort2 Stop-Wort* wird dann zu *Wort1 Wort2 +Stop-Wort*. Dieses Vorgehen stellt sicher, dass jede einzelne Ergebnisseite auch das Stop-Wort bzw. die Zahl enthält.

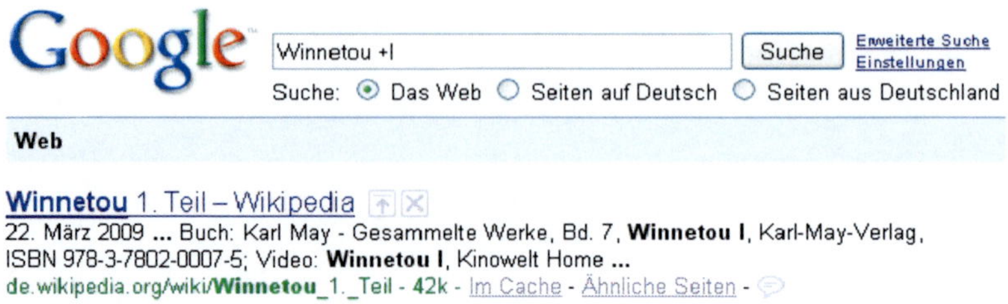

Google Web-Suche - Beispieleingabe und Auszug aus der Trefferliste

Der OR-Operator

Der **OR**- bzw. **Oder-Operator** (|) dient zur Eingabe von Alternativen. Die Eingabe *Lebenslauf OR Profil* führt also zu Treffern, die entweder das Wort *Lebenslauf* oder das Wort *Profil* oder auch beide Begriffe enthalten. In der Praxis der Online-Personalsuche wird er häufig dazu verwendet, alternative Berufsbezeichnungen oder alternative Schreibweisen akademischer Titel zu berücksichtigen.

Der Minus-Operator [-]

Der **Minus-Operator** (-) dient dem Ausschluss von Begriffen. Eine Suche nach *Wort1 -Wort2* führt zu Webseiten, die *Wort1* enthalten, nicht jedoch *Wort2*.

Google beendete unseren Tests zufolge die Unterstützung des NOT-Operators. Der Ausschluss von Begriffen funktioniert also nur durch die Eingabe eines Minuszeichens direkt vor dem auszuschließenden Wort.

4.1.3.4 Boolesche Grundeinstellungen bei Google

Googles Grundeinstellung ist der Boolesche Operator AND, d.h. zwei durch ein Leerzeichen getrennte Suchbegriffe werden automatisch mit einer UND-Verknüpfung versehen. Der Plus-Operator (+) dient daher bei der *Google*-Suche vor allem dazu, Wörter als „zwingend notwendig" zu kennzeichnen und so die Berücksichtigung von Stop-Wörtern und Zahlen sicherzustellen.

Im Vergleich zu der automatischen Verknüpfung zweier Suchbegriffe mittels Trennung durch ein Leerzeichen führt die Eingabe einer AND-Verknüpfung zwischen denselben Suchbegriffen zu einer veränderten Reihenfolge der Trefferlisten.

Hinweis: Wenn Sie die Booleschen Operatoren in Ihrer ausgeschriebenen Form (AND, OR) verwenden, achten Sie auf GROSSSCHREIBUNG, da Google (genau wie Yahoo! und Bing) die Operatoren andernfalls als Stop-Wörter einstuft und nicht berücksichtigt.

4.1.3.5 Erweiterte Google-Operatoren

Der Phrasen-Operator [""]

Eine Suchphrase* ist eine Kombination von zwei oder mehr Suchbegriffen in einer exakt festgelegten Anordnung. Der Phrasenoperator **""**, sprich die Eingabe von zwei zusammengehörenden Suchbegriffen zwischen doppelten Hochkommata, dient dazu, zwei oder mehr zusammenhängende Suchbegriffe als zusammenhängend zu kennzeichnen. Er stellt sicher, dass die Suchergebnisliste ausschließlich Seiten enthält, in denen die Suchbegriffe zusammenhängend enthalten sind.

Bsp.: Die Eingabe von "Diplomingenieur Bauwesen" führt zur Ausgabe von Webseiten, in denen die Begriffe *„Diplomingenieur"* und *„Bauwesen"* exakt in der eingegebenen Reihenfolge nebeneinander stehen. Er eignet sich insbesondere zur Suche von Berufsbezeichnungen, die aus mehreren Wörtern bestehen, wie z.B. *„Diplomingenieur Bauwesen"* oder *„Key Account Manager"*.

Zu beachten ist hierbei, dass bei Verwendung des Phrasenoperators „verwandte" Phrasen wie z.B. *„Diplomingenieur* ***für*** *Bauwesen"* nicht in der Trefferliste erscheinen. Der folgende Operator hilft Ihnen dieses zu vermeiden, ohne auf eine hohe Treffergenauigkeit zu verzichten.

Der Platzhalter-Operator [*]

Der Platzhalter-Operator (manchmal auch als „Joker" bezeichnet) dient dazu, im Rahmen einer Phrasensuche, Raum für zusätzliche Worte zu lassen. Dabei gilt die Daumenregel „ein Asterisk pro Wort".

Anwendungsbeispiel

Eingabe: "Diplom Ingenieur * Bauwesen"

Ausgabe: Die Trefferliste besteht aus Webseiten, in denen neben der Wortkombination *„Diplom Ingenieur Bauwesen"* auch Suchphrasen wie *„Diplom Ingenieur für Bauwesen"*, *„Diplom Ingenieur Fachrichtung Bauwesen"* oder *„Diplom Ingenieur im Bauwesen"* vorkommen.

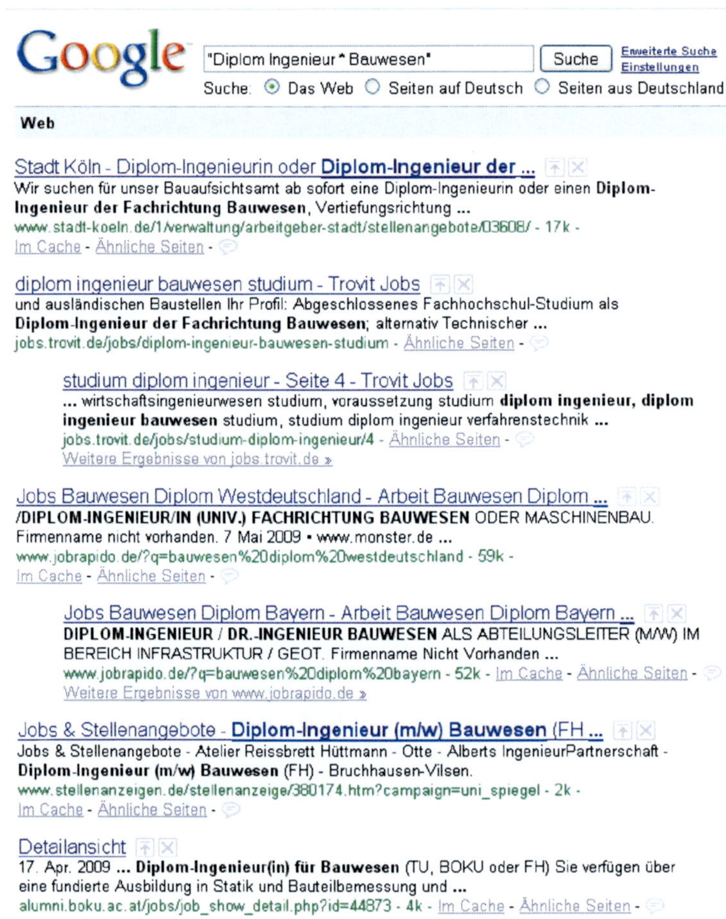

Google Web-Suche - Beispieleingabe und Auszug aus der Trefferliste

Der Tilde-Operator [~]

Durch die Suche mit dem Tilde-Operator finden Sie sowohl den gesuchten Begriff als auch seine Synonyme.

Anwendungsbeispiel

Eingabe: ~Diplom-Ingenieur

Ausgabe: Diplomingenieur, Diplom-Ingenieur, Diplom Ingenieur

Google Web-Suche - Beispieleingabe und Auszug aus der Trefferliste

Erweiterte Operatoren zur webseitenspezifischen Informationsabfrage

Für die zielgenaue Eingrenzung Ihrer Suche bietet *Google* eine Reihe von erweiterten

Operatoren zur gezielten Durchsuchung bestimmter Webseiten oder gesonderter Bereiche innerhalb einer Webseite. Sie haben die gemeinsame Form **Operator:**. Bei Ihrer Anwendung ist unbedingt zu beachten, dass der Suchbegriff unmittelbar hinter dem Doppelpunkt am Ende des Such-Operators eingegeben werden muss. Bei vorheriger Eingabe eines Leerzeichens funktionieren sie nicht.

Google Web-Suche - Beispieleingabe mit Suchoperator

Der schematische Aufbau von Webseiten

Um die folgenden Ausführungen leichter zu verstehen, ist es hilfreich, sich vorab anhand der folgenden Abbildung den schematischen Aufbau von Webseiten bewusst zu machen.

Schematischer Aufbau einer Webseite

Die Operatoren inurl: und allinurl:

Eine weitere Möglichkeit die Relevanz von Suchergebnissen zu steigern, ist die Berücksichtigung der in der Web-Adresse (URL* = Uniform Resource Locator) enthaltenden Stichworte. Viele Webseiten nutzen heute sogenannte „sprechende URLs" zur Beschreibung ihrer Seiteninhalte. Das bedeutet, dass neben dem Domain*-Namen (z.B. http://www.domainname.de), auch die, den Inhalt einzelner Unterseiten am besten beschreibenden Stichworte (Keywords), in der Web-Adresse der Seite enthalten sind. Die sprechende URL einer Webseite über die Verwendung des **inurl:** -Befehls im Rahmen der Online-Personalsuche könnte zum Beispiel folgendermaßen lauten: „http://www.domainname.de/personalsuche-mit-dem-inurl-befehl/".

Anwendungsbeispiel

Eingabe: Diplom-Ingenieur inurl:Lebenslauf

Ausgabe: Die Trefferliste besteht aus Webseiten, in denen das Wort *„Diplom-Ingenieur"* vorkommt und deren URL das Wort *„Lebenslauf"* enthält

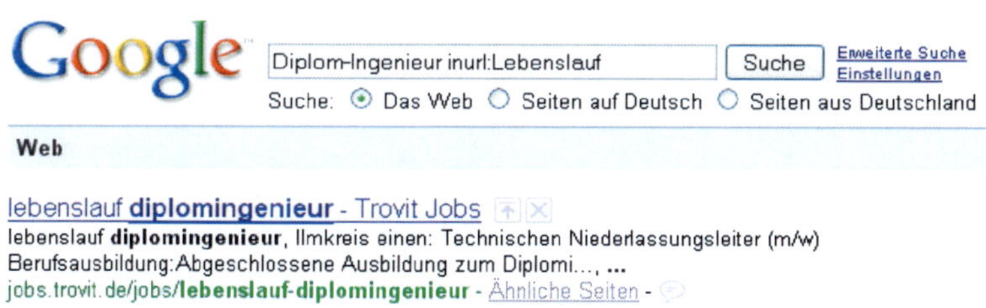

Google Web-Suche - Beispieleingabe und Auszug aus der Trefferliste

Wenn Sie eine URL-Suche mit mehreren Suchbegriffen durchführen möchten, wiederholen Sie die Eingabe des **inurl:** -Befehls entweder vor jedem dieser Suchbegriffe, oder Sie verwenden alternativ den **allinurl:** -Befehl:

Anwendungsbeispiel

Eingabe: allinurl:Diplom-Ingenieur Maschinenbau

Ausgabe: Die Trefferliste besteht aus Webseiten, deren URL die Wörter *„Diplom-Ingenieur"* und *„Maschinenbau"* enthält.

Die Operatoren intitle: und allintitle:

Der Operator **intitle:** (zu deutsch: im Titel) dient dazu, die Titel (Title*) von Webseiten nach Stichworten zu durchsuchen. Er basiert auf dem Grundgedanken, dass wichtige Schlüsselwörter in Bezug auf den Seiteninhalt in der Regel im Titel der Seite stehen. Eine gezielte Titelsuche führt zum Ausschluss solcher Seiten, in denen der Suchbegriff bzw. die Suchphrase nicht relevant genug ist, um im Titel der Webseite genannt zu werden. Praktisch bedeutet das, dass die Wahrscheinlichkeit auf einer Webseite einen Lebenslauf zu finden höher ist, wenn die Webseite oder eine der darin enthaltenen Unterseiten den Suchbegriff *„Lebenslauf"* im Titel enthält.

Anwendungsbeispiel

Eingabe: intitle:Diplom-Ingenieur

Ausgabe: Die Trefferliste besteht aus Webseiten, deren Titel das Wort *„Diplom-Ingenieur"* beinhaltet.

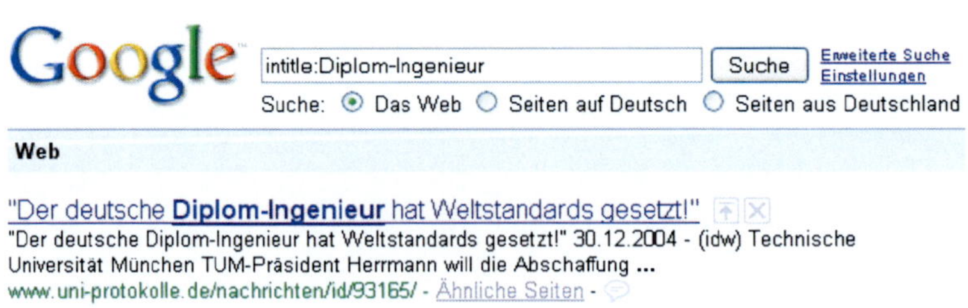

Google Web-Suche - Beispieleingabe und Auszug aus der Trefferliste

Wenn Sie eine Seitentitel-Suche mit mehreren Suchbegriffen durchführen möchten, wiederholen Sie die Eingabe des **intitle:** -Befehls entweder vor jedem dieser Suchbegriffe, oder Sie verwenden alternativ den **allintitle:-Befehl**:

Anwendungsbeispiel

Eingabe: allintitle:Diplom-Ingenieur Maschinenbau

Ausgabe: Die Trefferliste besteht aus Webseiten, deren Titel die Wörter „*Diplom-Ingenieur*" und „*Maschinenbau*" enthält.

Die Operatoren intext: und allintext:

Google bietet mit dem **intext:** -Operator (zu deutsch: im Text) die Möglichkeit gezielt den Textkörper von Webseiten zu durchsuchen. Für die Personalsuche ist dieser Operator insbesondere in der erweiterten Form des **allintext:** -Befehls nützlich, z.B. um mittels der Kombination mehrerer charakteristischer Wörter Stellengesuche ausfindig zu machen.

Anwendungsbeispiel

Eingabe: allintext:Lebenslauf Bauwesen Maurer

Ausgabe: Die Trefferliste besteht aus Webseiten, deren Textkörper die Worte „*Lebenslauf*", „*Bauwesen*" und „*Maurer*" enthält.

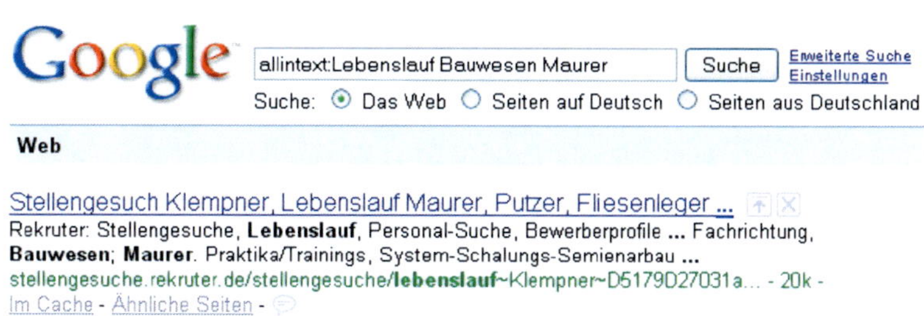

Google Web-Suche - Beispieleingabe und Auszug aus der Trefferliste

Die Operatoren inanchor: und allinanchor:

Der **inanchor:** -Befehl (zu deutsch: im Linktext) bewirkt, dass *Google* die Stichwörter von Links durchsucht. Der **allinanchor:** -Befehl dient analog zu den *allinurl:*, *allintitle:* und *allintext:* -Befehlen dazu eine Suche durch Verwendung mehrerer Stichwörter weiter einzuschränken. Beide Befehle eignen sich insbesondere bei der Suche nach Lebensläufen als ergänzende Variante zu der Suche mit *inurl:Lebenslauf* und *intitle:Lebenslauf,* da auch sie Lebensläufe auffindbar machen, die lediglich durch einen Linktitel als Lebenslauf gekennzeichnet sind.

Anwendungsbeispiel

Eingabe: Konstrukteur inanchor:Lebenslauf

Ausgabe: Die Trefferliste besteht aus Webseiten, deren Textkörper Links mit dem Linktext *„Lebenslauf"* enthält.

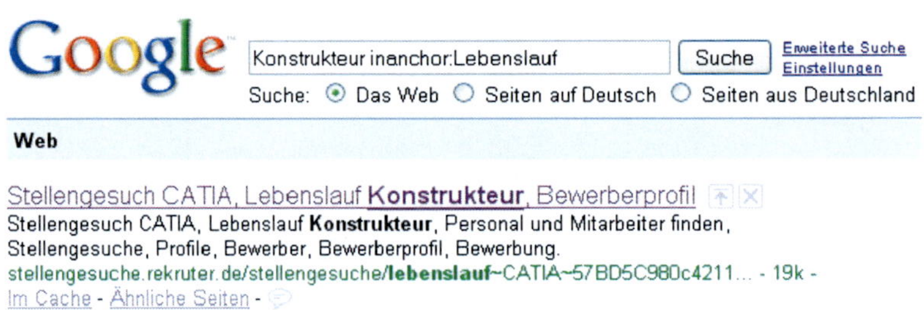

Google Web-Suche - Beispieleingabe und Auszug aus der Trefferliste

Der site: -Operator

Der **site:** -Operator (zu deutsch: Seite) ist einer der ergiebigsten Operatoren für die Online-Personalsuche. Er ermöglicht Ihnen die gezielte Durchsuchung beliebiger Webseiten, weshalb er auch als „Röntgen-Befehl" bezeichnet wird. Wenn Sie eine Webseite ausgemacht haben, auf der sich eine Vielzahl von Profilen befindet, ist es sinnvoll, diese Seite mittels des **site:** -Befehls zu durchsuchen.

Hierbei gibt es jedoch zwei Punkte zu beachten. Zum einen können dynamisch erzeugte Webseiten nicht durchsucht werden. (Ob die Webseite, die sie durchsuchen möchten, dynamisch erzeugt wurde, sollten Sie am besten testen. Indikatoren für eine dynamische Erzeugung der Webseiten sind z.B. Zahlen im Adresspfad oder die Pfad-Endung.php). Zum anderen sind Profile auf manchen Webseiten für die Öffentlichkeit nicht oder auf Wunsch der Profilinhaber nur eingeschränkt zugänglich (auch für Suchmaschinen). Dieser Umstand führt dazu, dass Sie diese Webseiten zwar mit dem **site:** -Operator durchsuchen können, über eine manuelle Suche im internen Bereich der Seite jedoch mehr Profile erhalten.

Kritische Faktoren bzgl. einer solchen Entscheidung sind Anzahl und Qualität der mit dem **site:** -Befehl auffindbaren Profile gegenüber dem Zeitaufwand einer manuellen Suche mittels der webseiten-internen Suchmaschine.

Anwendungsbeispiel

Eingabe: site:xing.com "Key Account Manager" *oder* "Key Account Manager" site:xing.com (die Eingabe-Reihenfolge ist für die Trefferanordnung unerheblich)

Ausgabe: Die *Google*-Trefferliste enthält ausschließlich Unterseiten der Domain xing.com, welche die Suchphrase *„Key Account Manager"* enthalten.

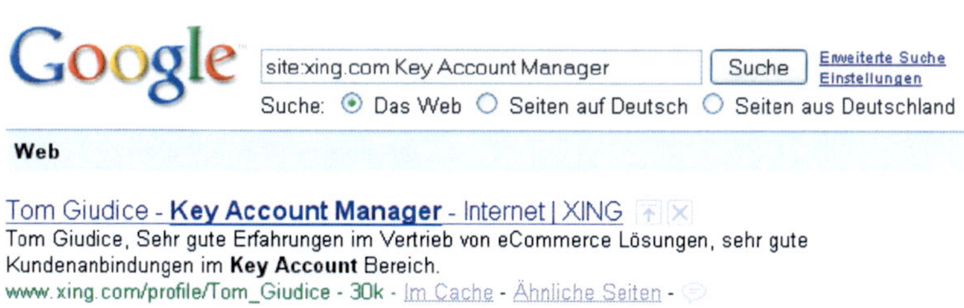

Google Web-Suche - Beispieleingabe und Auszug aus der Trefferliste

Die Operatoren filetype: und ext:

Die Operatoren **filetype:** und **ext:** beschränken die Treffer einer Websuche auf bestimmte Datei-Formate. Dabei kann es sich grundsätzlich um Video-, Ton-, Bild- und Textformate handeln. Im Rahmen der Personalsuche sind derzeit jedoch hauptsächlich Textformate wie pdf und doc bzw. docx von Bedeutung, da sie sich als Standartformate zur Speicherung von Lebensläufen herausgebildet haben.

Um die Suche auf ein bestimmtes Datenformat einzugrenzen, geben Sie hinter dem Suchwort bzw. der Suchphrase den jeweiligen Operator und das gewünschte Datei-Format ein.

Anwendungsbeispiel

Eingabe: Lebenslauf filetype:doc
Alternativeingabe: Lebenslauf ext:doc (die Wahl des Befehls beeinflusst die Trefferliste nicht)

Ausgabe: Die Google-Trefferliste enthält ausschließlich Dateien im Microsoft-Word-Format, welche das Wort „*Lebenslauf*"enthalten.

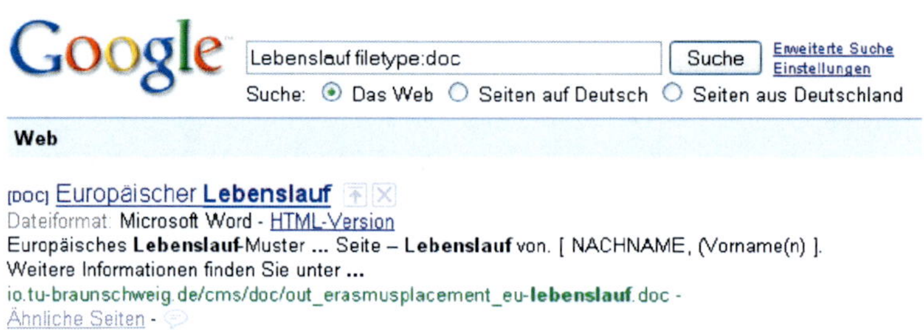

Google Web-Suche - Beispieleingabe und Auszug aus der Trefferliste

Hinweis: Der ext: - Operator wird von Google nicht offiziell unterstützt, funktioniert aber zum Zeitpunkt der Drucklegung ohne Einschränkungen.

Der cache: -Operator

Wenn Sie durch eine *Google*-Suche auf eine Webseite kommen, die das in der Trefferliste (SERP* = search engine result pages) angezeigte Profil jedoch nicht mehr enthält (z.B.

weil die Webseite seit der letzten Indexierung durch den *Google*-Webcrawler geändert, aber noch nicht erneut indexiert wurde), lohnt sich die Suche mittels des **cache:** -Befehls (Cache*). Dazu kopieren Sie im *Google*-Eingabefeld die Linkadresse, unter der das gesuchte Profil laut der *Google*-Ergebnisliste zu finden ist, hinter den **cache:** -Operator. Schneller und effizienter ist ein Klick direkt auf den *„Im Cache"*-Link rechts unterhalb des angezeigten Suchergebnisauszuges, sofern dieser vorhanden ist.

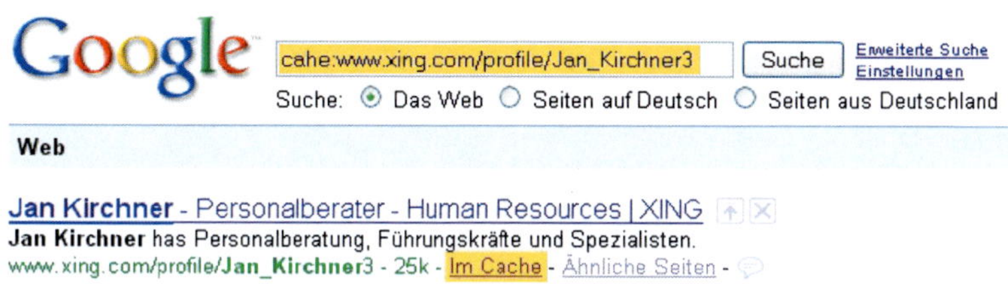

Google Web-Suche - Beispieleingabe und Auszug aus der Trefferliste

Ein Vorteil der Cache*-Funktion ist, dass die im Seiteninhalt vorkommenden Suchwörter farbig hervorgehoben werden, wobei unterschiedliche Suchwörter mit gesonderten Farben gekennzeichnet werden.

Anwendungsbeispiel

Eingabe: cache:http://www.LinkzumgesuchtenProfil.de
Ausgabe: Die im *Google*-Index gespeicherte Version des gesuchten Profils.

Der related: -Operator

Der **related:** -Befehl dient zur Identifizierung von Webseiten, die einer vorgegebenen Webseite inhaltlich ähnlich sind. Wenn Sie im Rahmen Ihrer Personalsuche bei *Google* auf eine Webseite gelangen, deren Inhalt Ihnen besonders wertvoll erscheint, empfiehlt es sich, über den **related:** -Befehl zu prüfen, ob vergleichbare Webseiten existieren. Dazu kopieren Sie im *Google*-Eingabefeld der für Sie interessanten Domain hinter den **related:** -Operator. Alternativ können Sie den *„Ähnliche Seiten"* -Link rechts unterhalb des entsprechenden Treffers in der *Google*-Ergebnisliste aufrufen.

Der Klammern-Operator[()]

Der Klammern-Operator dient zur Gruppierung verschiedener Suchbegriffe. Diese Gruppierung ist vor allem bei komplexen Suchvorgängen interessant, bei denen Sie verschiedene Suchbefehle zu einer Suchkette verbinden. Wollen Sie z.B. in die Suche nach einem Bauingenieur alle gängigen Berufsbezeichnungen einbeziehen, verbinden Sie die einzelnen Suchbegriffe bzw. Suchphrasen mit dem OR-Operator und setzen Sie diese Gruppe von Alternativen in Klammern.

Anwendungsbeispiel

Eingabe: Lebenslauf intitle:("Diplomingenieur Bauwesen" OR "Dipl.-Ing. Bau" OR "Dipl.-Ing. Bauwesen" OR Bauingenieur OR "Diplom-Bauingenieur")
Ausgabe: Lebensläufe von Bauingenieuren unabhängig von deren Selbstbezeichnung.

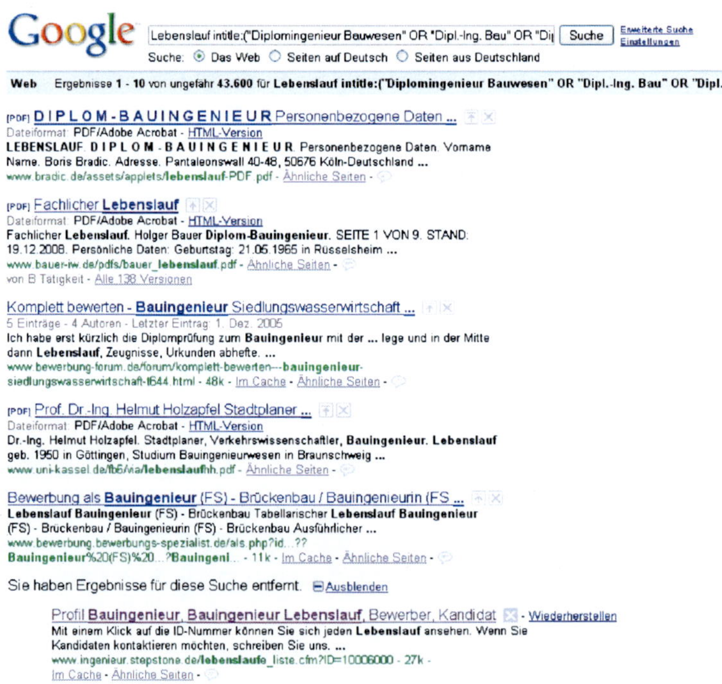

Google Web-Suche - Beispieleingabe und Auszug aus der Trefferliste

Hinweis: Wie Sie verschiedene Operatoren zu einer komplexen Suchkette vereinen, und was Sie dabei beachten müssen, erfahren Sie im Kapitel 4.1.7.

4.1.4 Personalsuche mit Yahoo! [http://de.search.yahoo.com/]

Die Personalsuche mit *Yahoo!* unterscheidet sich im Kern nicht von der Personalsuche mit *Google*. Aus diesem Grund werden nachfolgend nur die neu hinzu kommenden, *Yahoo!*-spezifischen Operatoren beschrieben. Am Ende dieses Kapitels finden Sie eine tabellarische Gesamtübersicht der Operatoren aller drei Suchmaschinen, der Sie entnehmen können, welche Suchoperatoren jede der drei Suchmaschinen im Einzelnen unterstützt.

4.1.4.1 Groß- und Kleinschreibung

Yahoo! unterscheidet grundsätzlich nicht zwischen Groß- und Kleinschreibung (case-insensitive*).

4.1.4.2 Die Suche mit mehreren Suchbegriffen

Yahoo! macht im Gegensatz zu *Google* und *Bing* keine offiziellen Angaben zu der der maximal möglichen Anzahl von Suchbegriffen pro Durchgang. Zum Zeitpunkt der Drucklegung dieses Buches liegt sie unseren Tests zufolge oberhalb von 50 Suchworten.

4.1.4.3 Boolesche Operatoren

Ähnlich wie *Google* lässt *Yahoo!* die Verwendung Boolescher Operatoren* zu.

Der AND-Operator [+]

Auch die automatische AND-Verknüpfung bei der Eingabe mehrerer Suchbegriffe gehört zu den Grundeinstellungen von *Yahoo!*. Der AND-, d.h. Plus-Operator (+), wird daher genau wie bei *Google* vor allem dazu verwendet, die Berücksichtigung bestimmter Suchbegriffe (insbesondere Stop-Wörter) zu „erzwingen".

Der NOT-Operator [-]

Yahoo! beendete Ende 2008 die Unterstützung des NOT-Operators. Der Ausschluss von Begriffen funktioniert also nur durch die Eingabe eines Minuszeichens direkt vor dem auszuschließenden Wort.

Der OR-Operator

Der OR-Operator funktioniert bei *Yahoo!* nach demselben Prinzip wie bei *Google. Yahoo* unterstützt kein Alternativzeichen.

Der NEAR-Operator

Yahoo! unterstützt neben den drei bereits erläuterten Booleschen Standardoperatoren auch den Operator NEAR. Der NEAR-Befehl stellt sicher, dass zwei Suchbegriffe nicht nur auf derselben Webseite (im selben Titel...), sondern auch innerhalb von maximal 10 Worten Abstand aufeinander folgen.

Anwendungsbeispiel

Eingabe: Lebenslauf NEAR Diplom-Ingenieur

Ausgabe: Die *Yahoo!*-Trefferliste enthält ausschließlich Webseiten welche die Worte *„Lebenslauf"* und *„Diplom-Ingenieur"* innerhalb eines Abstandes von maximal 10 Worten enthalten.

Hinweis: Der NEAR-Operator wird nicht offiziell unterstützt.

4.1.4.4 Erweiterte Yahoo! -Operatoren

Der Phrasenoperator [""]

Der Phrasenoperator funktioniert bei *Yahoo!* ebenso wie bei *Google*.

Die Operatoren domain: - und site:

Der **domain:** -Operator (Domain*) erfüllt dieselbe Funktion wie der **site:** -Operator bei *Google*, wobei *Yahoo!* beide Operatoren unterstützt. Die Ergebnisse unterscheiden sich bei ansonsten gleichlautenden Suchanfragen weder hinsichtlich der Menge noch der Reihenfolge.

Der originurlextension: -Operator

Der **originurlextension:** -Operator erfüllt bei *Yahoo!* dieselbe Funktion wie der filetype: bzw. ext: -Operator bei *Google*.

Die Operatoren title: und intitle:

Der **title:** -Operator erfüllt dieselbe Funktion wie der von *Google* bekannte **intitle:** -Operator, wobei *Yahoo!* beide Operatoren unterstützt. Die Ergebnisse unterscheiden sich bei ansonsten gleichlautenden Suchanfragen hinsichtlich Menge und Reihenfolge nur unwesentlich.

Der linkdomain: -Operator

Der **linkdomain:** -Operator ermöglicht Ihnen die Suche nach eingehenden Links auf einer von Ihnen ausgewählten Webseite. In Verbindung mit anderen Operatoren können Sie ihn zur Kandidatensuche einsetzen.

Anwendungsbeispiel

Suchziel: Sie suchen ITler, die sich mit der Software eines bekannten Anbieters (z.B. *Microsoft*, *IBM*, *Oracle* etc.) auskennen.

Eingabe: linkdomain:AnbieterWebseite.de AND (inurl:lebenslauf OR intitle:lebenslauf)

Ausgabe: Die Trefferliste enthält Webseiten, die entweder in der URL* oder im Titel das Wort „*Lebenslauf*" enthalten und auf den Anbieter Ihrer Wahl verlinken.

Selbstverständlich können Sie den **linkdomain:** -Befehl auch mit anderen Operatoren oder einfachen Stichworten kombinieren. Seine Möglichkeiten und Grenzen lernen Sie am schnellsten kennen, indem Sie experimentieren und Ihre Trefferlisten analysieren.

4.1.5 Personalsuche mit BING/ MSN Live [www.bing.de]

4.1.5.1 Groß- und Kleinschreibung

Die *Bing*-Suche unterscheidet standardmäßig nicht zwischen Groß- und Kleinschreibung (case-insensitive*).

4.1.5.2 Die Suche mit mehreren Suchbegriffen

Bing bietet die Möglichkeit bis zu zehn Suchbegriffe pro Suchvorgang zu berücksichtigen. Werden mehr als zehn Suchbegriffe eingegeben, so ignoriert *Bing* alle folgenden Stichworte. Zu beachten ist bei einer Mehrwortsuche, dass *Bing* häufig vorkommende Wörter (sog. Stop-Wörter) wie z.B. *ein/einer/eine*, *und*, *der/die/das* sowie Satz- und Sonderzeichen (bis auf die Alternativzeichen für Boolesche Operatoren*) standardmäßig nicht berücksichtigt, da sie in der Regel nicht zur Steigerung der Treffergenauigkeit beitragen und die Suche verlangsamen.

4.1.5.3 Boolesche Operatoren

Der AND-Operator [&]

Bing verbindet mehrere durch ein Leerzeichen voneinander getrennte Suchwörter automatisch mit einer AND-Verknüpfung. Als Alternativzeichen für den AND-Operator dient bei Bing das &-Zeichen (Et-Zeichen, kaufmännisches UND), **nicht** das Pluszeichen.

Das Pluszeichen dient allerdings auch bei *Bing* dazu, die Berücksichtigung von Stopwörtern zu erzwingen.

Der OR-Operator [|]

Die Verknüpfung von zwei Begriffen durch einen OR-Zeichen dient auch bei *Bing* zur Suche nach Webseiten, die entweder den einen, den anderen oder auch beide Begriffe enthalten. Als Alternativzeichen dient auch hier das Pipe-Symbol (|).

Der NOT-Operator [-]

Der NOT-Operator, ebenso wie das alternative Minuszeichen, dient auch bei *Bing* zum Ausschluss einzelner Suchbegriffe oder -phrasen.

4.1.5.4 Erweiterte Bing-Operatoren

Der Phrasen-Operator [""]

Um Stopwörter (z.B. *ein/einer/eine, und* sowie *der/die/das)* in die Suche einzubeziehen, sowie Suchworte in einer exakt festgelegten Reihenfolge zu finden, verwenden Sie bei *Bing* hochgestellte Anführungszeichen (doppelte Hochkommata).

Der intitle: -Operator

Der **intitle:** -Operator dient auch bei *Bing* zur Durchsuchung der Titel-Stichworte von Webseiten.

Anwendungsbeispiel

Eingabe: Bauingenieur intitle:Lebenslauf

Ausgabe: Die Trefferliste enthält ausschließlich Webseiten mit dem Wort *„Bauingenieur"*, welche das Wort *„Lebenslauf"* im Titel enthalten.

Der inbody: -Operator

Der **inbody:** -Operator dient dazu, den Textkörper (engl. body) von Webseiten auf das Vorhandensein bestimmter Begriffe zu durchsuchen. Er entspricht in seiner Funktion folglich dem im letzten Abschnitt erläuterten intext: -Befehl von *Google*.

Anwendungsbeispiel

Eingabe: Bauingenieur inbody:Lebenslauf

Ausgabe: Die Trefferliste enthält ausschließlich Webseiten mit dem Wort *„Bauingenieur"*, welche das Wort *„Lebenslauf"* im Seitenkörper enthalten.

Der site: -Operator

Der **site:** -Operator dient bei *Bing* genau wie bei *Google* und *Yahoo!* zum Durchsuchen spezieller Domains* (z.B. www.domain.de) oder Subdomains (z.B. subdomain.domain.de).

Anwendungsbeispiel

Eingabe: Bauingenieur site:xing.com

Ausgabe: Die Trefferliste enthält ausschließlich Webseiten der Domain www.xing.com, welche das Wort *„Bauingenieur"* enthalten.

Der contains: -Operator

Der **contains:** -Operator beschränkt Ihre Suchergebnisse auf Webseiten, die Links zu einem von Ihnen festgelegten Dateiformat enthalten, z.B. pdf-Dateien.

Anwendungsbeispiel

Eingabe: Bauingenieur contains:pdf

Ausgabe: Die Trefferliste enthält ausschließlich Webseiten, in welchen das Wort *„Bauingenieur"* enthalten ist, und die auf ein pdf-Dokument verlinken. Ohne Hinzunahme eines zweiten Stichwortes wie z.B. *„Lebenslauf"* ist die Ergebnisrelevanz häufig gering.

Der filetype: -Operator

Der **filetype:** -Operator dient hingegen dazu, Webdokumente eines von Ihnen festgelegten Dateiformats ausfindig zu machen, beispielsweise pdf- oder doc -Dateien. Im Gegensatz zum contains: -Operator führt er Sie direkt zu den gesuchten Dateien.

Anwendungsbeispiel

Eingabe: Bauingenieur Lebenslauf filetype:pdf

Ausgabe: Die Trefferliste enthält ausschließlich pdf-Dokumente, die sowohl das Wort *„Lebenslauf"* als auch das Wort *„Bauingenieur"* enthalten.

Der Klammern-Operator [()]

Der Klammern-Operator dient bei *Bing* ebenso wie bei *Google* (und *Yahoo!*) dazu, verschiedene Suchbegriffe und Operatoren zu gruppieren.

Die Operatoren-Rangfolge

Bei der Gruppierung von Suchanfragen müssen Sie darauf achten, die Operatoren in der richtigen Reihenfolge zu verwenden. Bei *Bing* wird die Gruppierung von Begriffen und Booleschen Operatoren in folgender bevorzugter Rangfolge unterstützt:

- Klammern **()**
- Anführungszeichen " "
- **NOT** bzw. -
- **AND** bzw. **&**
- **OR** bzw. **|**

Die „Zwischengespeicherte Seite"-Funktion

Bing bietet im Gegensatz zu *Google* keinen direkten Cache*-Operator an. Es bietet aber in seiner Trefferliste links unterhalb des Seitentextauszuges einen *„Zwischengespeicherte Seite"*-Link an, über den man auch auf Seiten zugreifen kann, die seit der letzten Indexierung durch den Webcrawler* verändert oder entfernt wurden.

4.1.6 Gesamtübersicht Operatoren

Google-Operatoren	Funktion
AND (+)	Verknüpfung von Suchbegriffen
OR (|)	Eingabe von Alternativen
-	Ausschluss von Begriffen
"" Phrasen-Operator	Kombination mehrerer Suchbegriffe in festgelegter Anordnung
* Platzhalter-Operator	Suche mit unvollständigen Wörtern oder Phrasen
~ Tilde-Operator	Suche mit Synonymen
inurl:	Suche nach Seiten mit URLs, die den Suchbegriff enthalten
allinurl:	Suche nach Seiten mit URLs, die alle Suchbegriffe enthalten
intitle:	Suche nach Seiten, die den Suchbegriff im Seiten Titel enthalten
allintitle:	Suche nach Seiten, die alle Suchbegriffe im Seiten-Titel enthalten
intext:	Suche nach Seiten, die den Suchbegriff im Seiten-Text (Textkörper) enthalten
allintext:	Suche nach Seiten, die alle Suchbegriffe im Seite-Text (Textkörper) enthalten
inanchor:	Suche nach Seiten, mit Links, die den Suchbegriff in der Linkbeschreibung enthalten
allinanchor:	Suche nach Seiten, mit Links, die alle Suchbegriffe in der Linkbeschreibung enthalten
site:	Gezielte Durchsuchung einzelner Domains
filetype: und ext:	Suche nach bestimmten Dateitypen
cache:	Suche nach bei Google gespeicherten Abbildern von Webseiten
related:	Suche nach inhaltlich verwandten Seiten
() Klammern-Operator	Gruppierung verschiedener Suchbegriffe bei komplexen Suchvorgängen bzw. -Ketten

Übersicht Google-Operatoren

Yahoo! -Operatoren	Funktion
AND (+)	Verknüpfung von Suchbegriffen
OR	Eingabe von Alternativen
-	Ausschluss von Begriffen
NEAR	Suche nach mehreren Begriffen, die jedoch nicht weiter als 10 Wörter von einander entfernt sind
"" Phrasen-Operator	Kombination mehrerer Suchbegriffe in festgelegter Anordnung
Domain: oder site:	Gezielte Durchsuchung einzelner Domains
originurlextension:	Suche nach bestimmten Dateitypen
title: oder intitle:	Suche nach Seiten, die den Suchbegriff im Seiten-Titel enthalten
linkdomain:	Suche nach eingehenden Links auf einer bestimmten Webseite
[] Klammern-Operator	Gruppierung verschiedener Suchbegriffe bei komplexen Suchvorgängen bzw. -Ketten

Übersicht Yahoo! -Operatoren

BING-Operatoren	Funktion
AND (&)	Verknüpfung von Suchbegriffen
OR (|)	Eingabe von Alternativen
NOT (-)	Ausschluss von Begriffen
"" Phrasen-Operator	Kombination mehrerer Suchbegriffe in festgelegter Anordnung
intitle:	Suche nach Seiten, die den Suchbegriff im Seiten-Titel enthalten
inbody:	Suche nach Seiten, die den Suchbegriff im Seiten-Text (Textkörper) enthalten
inurl:	Suche nach Seiten mit URLs, die den Suchbegriff enthalten

site:	Gezielte Durchsuchung einzelner Domains
contains:	Suche nach Webseiten, die Links auf Dateien mit einem bestimmten Dateiformat aufweisen
filetype:	Direkte Suche nach Dateien mit bestimmten Datenformat
() Klammern-Operator	Gruppierung verschiedener Suchbegriffe bei komplexen Suchvergängen bzw. -Ketten

Übersicht BING-Operatoren

4.1.7 Die Bildung von Suchketten aus verschiedenen Operatoren

In den vorangegangenen Abschnitten haben Sie gelernt, welche Operatoren es für die gängigen Suchmaschinen gibt, und welche Möglichkeiten sie Ihnen zur Präzisierung Ihrer Suchvorgänge im Web bieten. Dabei beschränkten sich die Beispiele auf einzelne Suchoperatoren. Dieser Abschnitt behandelt den Bau komplexer Suchketten (search strings) aus Booleschen und erweiterten Operatoren.

4.1.7.1 Definition Suchkette

Eine Suchkette ist eine Aneinanderreihung verschiedener Suchwörter unter Verwendung von Klammern, Booleschen Operatoren und erweiterten Suchbefehlen.

4.1.7.2 Maximal mögliche Suchwörter innerhalb einer Suchkette

Die maximal mögliche Länge einer Suchanfrage wird von *Google* auf 32 Suchbegriffe beschränkt.

Yahoo! macht zur maximal möglichen Anzahl von Suchbegriffen keine offiziellen Angaben, unseren Tests zufolge liegt sie oberhalb von 50 Suchworten.

Bing gibt die maximal mögliche Anzahl von Suchbegriffen offiziell mit 10 Wörtern an, unseren Tests zufolge unterstützt sie jedoch in der Praxis mehr Suchworte, wobei die Anzahl variiert.

4.1.7.3 Reihenfolge der Operatoren-Eingabe innerhalb einer Suchkette

Wie Sie bereits wissen, dient Ihre Sucheingabe dazu, den Suchalgorythmus der jeweiligen Suchmaschine so zu beeinflussen, dass Sie ausschließlich die Informationen aus dem Suchmaschinen-Index erhalten, die Sie brauchen. Die Grundregel bei der Formulierung von Suchketten lautet, dass Sie zuerst die Informationen definieren, die Sie suchen. Erst danach legen Sie mithilfe des Minuszeichens (-) fest, welche Informationen Sie **nicht** suchen. Dazu bestimmen Sie die Wörter, die von Ihrer Suche ausgeschlossen werden sollen.

Anwendungsbeispiel

Definition der gesuchten Informationsmenge: Bank (i.S.v. Sitzbank)
Definition der auszuschließenden Informationsmenge: -Geld -Finanzen

Eingabe: Bank -Geld -Finanzen

Ausgabe: Webseiten in denen der Begriff „*Bank*" enthalten ist, nicht jedoch die Begriffe „*Geld*" und „*Finanzen*".

4.1.7.4 Gruppierung von Suchwörtern mit Klammern

Sie haben bereits erfahren, dass Klammern zur Gruppierung von Suchwörtern und Operatoren dienen, warum aber müssen Suchwörter gruppiert werden? Suchanfragen müssen gruppiert werden, da es innerhalb der Booleschen Operatoren eine Hierarchie gibt, welche sich auf die Reihenfolge der Berücksichtigung seitens der Suchmaschine (den Abfragesyntax) auswirkt. Dies ist vergleichbar mit der Nutzung von Klammern in der Mathematik bzw. mit mathematischen Regeln wie z.B. „Punktrechnung vor Strichrechnung".

Analog lassen sich für die Nutzung von Booleschen Operatoren die Regeln „NEAR vor NOT", „NOT vor AND" und „AND vor OR" formulieren.

1.) Die Standardrangfolge für Boolesche Operatoren* (sofern diese unterstützt werden) lautet **NEAR, NOT, AND, OR**. Dies gilt auch für die Alternativzeichen.

2.) Solange sie nicht durch die Eingabe von Klammern die Abfragesyntax beeinflussen, greift die Standardrangfolge. Ihre Suchanfrage wird unter Beachtung dieser Operatorenrangfolge von links nach rechts ausgewertet, wobei Operatoren mit einem höheren Rang vor denen mit einem niedrigeren Rang berücksichtigt werden. Operatoren desselben Rangs (z.B. mehrfache Verwendung desselben Operators) werden von links nach rechts in der Reihenfolge ihrer Eingabe berücksichtigt.

3.) Die Sucheingabe **Hund NOT Katze OR Maus** bringt Ergebnisse die entweder

a.) den Begriff **Hund** enthalten, aber nicht den Begriff **Katze**, oder
b.) die den Begriff **Maus** enthalten.

Dies kann durch die Hinzunahme von Klammern in das Beispiel **(Hund NOT Katze) OR Maus** demonstriert werden, um die Operatoren-Rangfolge zu zeigen. Da NOT einen höheren Rang hat (als OR), wird es zuerst ausgewertet.

4.) Eine Suche nach **Hund NOT (Katze OR Maus)** bringt Ergebnisse, die das Wort **Hund** enthalten, aber weder das Wort **Katze** noch das Wort **Maus**. Diese Suche ist ein Beispiel für einen Eingriff in die Standardrangfolge der Anfrage durch die Verwendung von Klammern.

Für die Anordnung der erweiterten Operatoren ist keine spezielle Rangfolge bekannt.

Um die Funktionsweise von Suchketten sicher zu beherrschen, braucht es viel praktische Übung. Wir empfehlen Ihnen, sich die Übersichtstabellen der Operatoren zu kopieren und (unter Beachtung der geschilderten Regeln) zu experimentieren. Als Anregung für Ihre Versuche finden Sie nachfolgend für jede der vorgestellten Suchmaschinen drei Suchketten zur Personalsuche.

Drei im Rahmen der aktiven Online-Personalsuche bei *Google* hilfreiche Muster-Suchketten:

1.) intitle:Lebenslauf intitle:Berufsbezeichnung filetype:(pdf OR doc) -inurl:job -inurl:jobs -inurl:stellenangebot -inurl:stellenangebote

2.) inurl:Lebenslauf inurl:Berufsbezeichnung

3.) (intitle:Lebenslauf | inurl:Lebenslauf)

Drei im Rahmen der aktiven Online-Personalsuche bei *Yahoo!* hilfreiche Muster-Suchketten:

1.) originurlextension:PDF ~Lebenslauf „Berufsbezeichnung oder entsprechender akademischer Titel"

2.) originurlextension:DOC ~Lebenslauf Berufsbezeichnung oder entsprechender akademischer Titel

3.) inurl:Lebenslauf intitle:"Berufsbezeichnung oder entsprechender akademischer Titel"

Drei im Rahmen der aktiven Online-Personalsuche bei *Bing* hilfreiche Muster-Suchketten:

1.) (Stichwort1 OR Stichwort2) intitle:lebenslauf filetype:pdf

2.) (Stichwort1 OR Stichwort2) intitle:lebenslauf filetype:doc

3.) (Stichwort1 OR Stichwort2) site:xing.com

4.1.8 Personensuchmaschinen & Email-Identifizierung

Nachdem Sie bei Ihrer Online-Personalsuche geeignete Personen ausfindig gemacht haben, gelangen Sie bei den Vorbereitungen zur Kontaktanbahnung häufig zu der Frage nach ergänzenden Informationen und einer direkten Kontaktmöglichkeit.

In der Regel ist Ihnen die Person hinter einem interessanten Profil zu diesem Zeitpunkt bereits namentlich bekannt. In manchen Fällen liegt jedoch nur der Nachname vor, und in einigen wenigen Fällen besteht noch eine Restunsicherheit bzgl. des Geschlechts, welche es zu beseitigen gilt. Dies ist z.B. bei auf den Nachnamen beschränkten Profilen der Fall, bei denen ein geschlechtsneutraler Titel (z.B. Dipl.-Ing. oder Dr.) die geschlechtsspezifische Anrede (Herr/ Frau) ersetzt.

4.1.8.1 Personensuchmaschinen

In diesen Fällen empfiehlt sich zur Erweiterung der vorhandenen Datenbasis die Nutzung von speziellen Personensuchmaschinen. Personensuchmaschinen dienen dem Zweck „alle" zu einem bestimmten Namen im Web vorhandenen Daten zu bündeln. Bisher existieren drei erwähnenswerte Personensuchmaschinen:

1.) 123people.de
2.) Yasni.de
3.) pipl.com

Sie bilden in ihren Trefferlisten im Idealfall den kompletten digitalen Fußabdruck einer Person ab und werden daher auch zur Überprüfung der Online-Reputation* herangezogen.

Die Bandbreite der so gebündelten Daten reicht von persönlichen Emailadressen über Profile in sozialen Netzwerken, persönlichen Blogs und *Amazon*-Wunschlisten, bis hin zu wissenschaftlichen Veröffentlichungen. Bei den wenigsten Personen wird sich Ihnen jedoch ein derart vollständiges Gesamtbild bieten.

	yasni.de Personen-Suchmaschine	people search	pipl
Stichworteingrenzung	x	-	-
Ortseingrenzung	-	-	x
Reputationsmanagement	x	-	-
Emailadresse (separat)	-	x	-
Telefonnummernsuche	-	x	-
Instant Messaging (icq)	-	x	x
Firmenbeteiligungen	x	x	-
Blogs (separat)	-	x	x
Microblogs			
Twitter	-	x	-
FriendFeed	-	-	-
identi.ca	-	-	x
Videos	-	x	-
Soziale Netzwerke			
Xing	x	x	x
LinkedIn	x	x	-
Facebook	x	x	x
MySpace	x	x	x
StayFriends	x	-	x
Amazon-Wunschliste	x	x	-
Print-Publikationensuche	-	-	x
Dokumentensuche	-	x	x

Funktionsübersicht Personensuchmaschinen (yasni, 123people, pipl)

Es ist von immenser Bedeutung, sich die Grenzen solcher Suchmaschinen vor Augen zu führen, und sich bewusst zu machen, dass viele Menschen mehrere namentliche Doppelgänger haben, nicht selten sogar mit demselben Wohnort.

Aus diesem Grund ist eine sorgfältige manuelle Überprüfung auffälliger Angaben zwingend erforderlich, um voreilige folgenschwere Fehleinschätzungen auszuschließen!!!

Darüber hinaus ist durch die Entstehung des Web 2.0 noch eine weitere Art von personenbezogenen Suchmaschinen entstanden, und zwar zur Überprüfung von Benutzernamen in webbasierten Sozialen Software Gemeinschaften (social software communities). Derzeit sind drei Anwendungen bekannt:

1.) http://usernamecheck.com

2.) http://usernamez.com

3.) http://knowem.com (alias http://checkusernames.com)

Analog zu den Personensuchmaschinen darf auch hier nicht davon ausgegangen werden, dass derselbe Nutzername zwangsläufig zu derselben Person führt. Nichtsdestotrotz geben diese Suchmaschinen wertvolle Anregungen auf der Suche nach vertiefenden Informationen.

4.1.8.2 Email-Identifizierung

Obwohl diese Frage aufgrund der weiten Verbreitung sozialer Online-Netzwerke und der damit einhergehenden Kontaktmöglichkeiten zunehmend an Bedeutung verliert, gehen wir abschließend kurz auf drei bewährte Ansätze zur Identifizierung von Emailadressen ein.

Die erste Möglichkeit ist, wie im vorigen Abschnitt bereits erwähnt, die Namenssuche mit einer Personensuchmaschine, derzeit insbesondere 123people.de.

Die zweite Methode ist die Suche via Websuchmaschine (*Google*), geben Sie dazu den besser geeigneten Suchterm (mit hochgestellten Anführungszeichen) in das *Google*-Eingabefeld ein:

bei unbekannter Firma: "Vor- und Nachname" Email

bei bekannter Firma: Name "email * * firmenname.de"

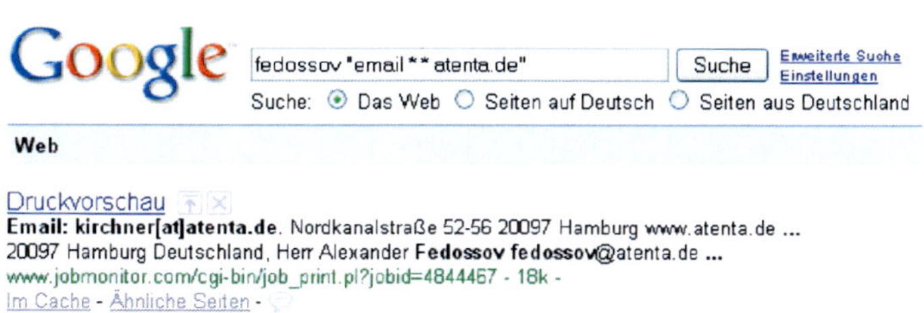

Google Web-Suche - Beispieleingabe und Auszug aus der Trefferliste

Falls Sie kein Ergebnis erhalten, wiederholen Sie die Eingabe im zweiten Fall ohne „email".

Der dritte Ansatz entspricht der „Trial and Error Methode", wobei Sie sich zunutze machen, dass viele Firmen- und Privatadressen einem der folgenden Muster entsprechen:

Vorname.Nachname@firma.de (Bsp.: Max.Mustermann@firma.de)
Nachname.Vorname@firma.de (Bsp.:Mustermann.Max@firma.de)
Nachname@firma.de (Bsp.: Mustermann@firma.de)
Vorname@firma.de (Bsp.: Max @firma.de)
InitialVornameNachname@firma.de (Bsp.: MMustermann@firma.de)
InitialVornameInitialNachname@firma.de (Bsp.: MM@firma.de)
etc.

Achten Sie beim Verschicken der Email darauf, dass der Empfänger nicht sehen kann, dass Sie die Emailadresse geraten haben. Im Idealfall schicken Sie die Email als Blindkopie (bcc:). Alle Emails, die falsch waren, kommen i.d.R. innerhalb eines Zeitraums von einigen Minuten bis zu einigen Stunden mit einer Fehlermeldung zurück. Diejenige Emailadresse, von der nichts zurückkommt, ist/war die von Ihnen gesuchte.

4.2 Stellenbörsen, Meta-Jobsuchmaschinen und Profildatenbanken

4.2.1 Einführung

4.2.1.1 Online-Stellenbörsen und Profildatenbanken

Online-Stellenbörsen sind internetbasierte Datenbanken, deren Inhalt aus Stellenangeboten und teilweise auch aus Stellengesuchen/ Kandidatenprofilen besteht. Sie erfüllen denselben Zweck wie die Stellenmarktbeilage der Zeitungen, bieten im Vergleich allerdings einige wesentliche Vorteile: ein einziger Online-Stellenmarkt umfasst eine deutlich höhere Menge an Anzeigen als die Stellenbeilagen aller großen deutschsprachigen Tageszeitungen zusammen. Online-Stellenmärkte sind für die Nutzer 365 Tage im Jahr rund um die Uhr verfügbar und können von jedem beliebigen Ort mit einem Internetanschluss genutzt werden. Da die Datensätze von den Nutzern durch die stichwortartige Eingabe von Berufsbezeichnungen und Einsatzort (teilweise auch weiterreichenden Kriterien wie z.B. Arbeitsbeginn) schnell durchsucht werden können, gestaltet sich außerdem der Suchprozess selbst deutlich bequemer und effektiver. Darüber hinaus haben die Verfasser der Stellenanzeigen (Arbeitgeber) und der Kandidatenprofile (Bewerber) im Gegensatz zu Printinseraten in der Regel permanent die Möglichkeit, ihre Eingaben anzupassen und zu aktualisieren. Ein weiterer Vorteil (v.a. aus Sicht der Personalsuchenden) ist das im Vergleich zu Printinseraten bessere Kosten-Nutzen-Verhältnis. Bezahlt man für eine einmalig erscheinende Stellenanzeige oder ein Stellengesuch in einer überregionalen deutschsprachigen Tageszeitung mehrere hundert bis zu einigen tausend Euro, verbleibt eine vergleichbare Anzeige in einer der bekannten Stellenbörsen einen vollen Monat online und erzielt deshalb eine weitaus höhere Reichweite. Die Kosten bewegen sich dabei auf einem vergleichbaren, häufig sogar auf einem niedrigeren Niveau.

Unabhängig von der unbestreitbaren wirtschaftlichen Vorteilhaftigkeit der Online-Stellenbörsen gegenüber den Printmedien, hat auch diese Art der Personalsuche ihre Schwachpunkte. Erwähnenswert ist insbesondere, dass die Stellenbörsen-Landschaft im deutschsprachigen Internet der der Printmedien in Bezug auf Unübersichtlichkeit inzwischen sehr ähnelt. Obwohl bereits mehrere hundert Jobbörsen mehr oder minder erfolgreich koexistieren, kommen ständig weitere hinzu. Für die Nutzer wird es daher immer schwieriger, sich im Dschungel der kleinen und großen, branchenspezifischen und allgemeinen, regionalen und bundesweiten Stellenbörsen zurecht zu finden.

4.2.1.2 Meta-Jobsuchmaschinen

Diese Entwicklung hat zur Entstehung sogenannter Meta-Jobsuchmaschinen geführt, welche die Datenbanken verschiedener Stellenbörsen und Unternehmensjobseiten „anzapfen" und es dem Nutzer ermöglichen, eine Vielzahl von Stellenbörsen gleichzeitig zu durchsuchen.

Obwohl Meta-Jobsuchmaschinen die Stellensuche in Online-Stellenbörsen ursprünglich vereinfachen und beschleunigen sollten, hat die Marktentwicklung auch hier zu Folgeproblemen geführt. Durch den Anfangserfolg dieser Idee sind in den Folgejahren, ähnlich wie einige Jahre zuvor bei den Online-Stellenbörsen, weitere Anbieter in den Markt eingedrungen. Da das zentrale Wettbewerbskriterium der Meta-Jobsuchmaschinen neben Anwenderfreundlichkeit (Usability) und Aktualität in der Anzahl der indizierten Stellenangebote besteht, begannen die Jobsuchmaschinen gegenseitig aufeinander zuzugreifen, und tragen so wesentlich zur Redundanz der Daten bei, was den Nutzer letztendlich erneut vor die Entscheidung nach dem oder den richtigen Anbietern stellt.

Darüber hinaus wird die zukünftige Entwicklung der sozialen Online-Netzwerke einen wesentlichen Einfluss darauf haben, ob das Konzept der klassischen Online-Stellenbörse das nächste Jahrzehnt überdauern wird. Aufgrund der millionenfachen Nutzerzahlen werden soziale Netzwerke wie *Xing*, *LinkedIn*, *Facebook* und andere (vgl. Kap. 5.1 bis 5.5) immer interessanter für Stellenausschreibungen. Die derzeitige Entwicklung deutet darauf hin, dass die Betreiber der Netzwerke sich dieser Tatsache bewusst sind, zumal sie bereits erste Schritte in Richtung Integration von „Stellenbörsen" in ihre Plattformen vorgenommen haben.

Diese Frage sollte Sie jedoch keinesfalls davon abhalten, sich mit der Funktionsweise von Online-Stellenbörsen vertraut zu machen, und diese als eine von mehreren Methoden für Ihre Personalsuche einzusetzen.

4.2.2 Einsatzmöglichkeiten von Stellenbörsen, Meta-Jobsuchmaschinen und Profildatenbanken

Personalsuchenden bieten die Online-Stellenmärkte hauptsächlich zwei Optionen. Zunächst ermöglichen sie die Schaltung von Stellenanzeigen. In den wenigsten Fällen ist diese Möglichkeit kostenfrei. Die Anzeigen-Kosten fallen sehr unterschiedlich aus. Sie hängen von der Reichweite der jeweiligen Stellenbörse sowie von Faktoren wie Anzeigen-Dauer, -Anzahl und Zusatzoptionen wie z.B. farblicher Hervorhebung ab. Je nach Anbieter kann eine 30-tägige Anzeige bei einer großen bekannten Jobbörse knapp 1000 Euro, bei einer kleineren regionalen dagegen um die 50 Euro kosten oder aufgrund von Werbefinanzierung auch kostenfrei sein. Hierbei muss jeder selbst entscheiden, welche Variante und welches Preis-Leistungs-Verhältnis der eigenen Suche dienlich ist. Bevor Sie jedoch einem kommerziellen Anbieter viel Geld bezahlen, prüfen Sie mit Hilfe des Webstatistikdienstes

Alexa (www.alexa.com), ob die Stellenbörse, zumindest in Bezug auf ihre Reichweite, Ihr Geld wert ist (s. Exkurs 4.2.3).

Eine äußerst praktische und darüber hinaus meist kostenfreie Alternative bzw. Zusatzoption bieten die oben beschriebenen Meta-Jobsuchmaschinen. Sofern Ihr Unternehmen über eine eigene Stellenseite verfügt, können Sie diese von einer oder gleich mehreren Meta-Jobsuchmaschinen „anzapfen" lassen. Dafür müssen Sie die Webseite in der Regel einmalig anmelden. Nach erfolgreicher Anmeldung werden Ihre Stellenanzeigen automatisch erfasst und im Internet „weitergereicht", was ohne zusätzlichen Aufwand zur besseren Auffindbarkeit Ihrer Stellenangebote beiträgt.

Neben diesen beiden Optionen zur passiven Mitarbeitersuche bieten einige Stellenbörsen die Möglichkeit der aktiven Mitarbeitersuche über ihre Profildatenbanken an. Profildatenbanken bilden das logische Gegenstück zu Stellenbörsen. Personen, die auf der Suche nach neuen Herausforderungen sind, hinterlassen dort ihre mehr oder weniger aussagekräftigen Stellengesuche/ Qualifikationsprofile, die Sie analog zu der oben dargelegten Vorgehensweise nach verschiedenen Kriterien durchsuchen können. Der Zugang zu einer solchen Profildatenbank ist in der Regel kostenpflichtig, in einigen Fällen auch erst die Kontaktaufnahme mit den Kandidaten. Eine diesbezügliche Ausnahme stellt die aufgrund des staatlichen Vermittlungsauftrages kostenfreie Jobbörse der Bundesagentur für Arbeit dar, wobei sich die Kontaktaufnahme dort aufgrund unregelmäßig eingepflegter Kontaktdaten oftmals als schwierig bzw. erfolglos erweist. Bei einigen wenigen Börsen, insbesondere im Bereich aufstrebender Führungskräfte, tragen die Kandidaten selbst die Kosten.

Die Anzahl der in solchen Datenbanken hinterlegten Profile unterscheidet sich von Anbieter zu Anbieter erheblich und variiert zwischen wenigen tausend und einigen zehntausend Profilen. Lassen Sie sich jedoch nicht von bloßen Zahlen beeindrucken. Die Anzahl der Profile sagt rein gar nichts über ihre Qualität und Aktualität aus. Eine stark spezialisierte Datenbank mit nur wenigen, dafür aber geprüften und aktuellen Profilen, bringt häufig mehr, als eine riesige namhafte Datenbank voller „Karteileichen".

Sollten Sie sich für einen Zugang zu einer Datenbank interessieren, beantragen Sie in jedem Fall zuerst einen (kostenlosen) Testzugang, um sich von der Qualität und Aktualität der Kandidatenprofile zu überzeugen.

4.2.3 Exkurs: Reichweitenbestimmung mit Alexa.com

Rufen Sie die Webseite **www.alexa.com** auf, geben Sie in die Felder unterhalb der Überschrift *„Website Traffic Comparisons"* die URLs* der Ihnen attraktiv erscheinenden Stellenbörsen ein und drücken Sie anschließend die Schaltfläche *„Compare Sites"*. In dem so generierten Graphen wird daraufhin die Zugriffshäufigkeit der Anbieter innerhalb des vorangegangenen Monats miteinander verglichen. Um sicher zu gehen, dass es sich bei dem Ergebnis nicht nur um einen kurzfristigen Trend handelt, klicken Sie auf die grau hinterlegte Schaltfläche *„6m"* am rechten oberen Rand des Graphen. Der neu generierte Graph zeigt Ihnen nun eine Halbjahres-Übersicht.

Reichweiten-Vergleich mit Alexa.com
(Arbeitsagentur, Monster, Gigajob, Jobware, Stepstone)

Hinweis: Reichweite ist bei Nischenbörsen selbstverständlich differenzierter zu bewerten als bei allgemeinen Stellenbörsen!

4.2.4 Identifizierung geeigneter Stellenbörsen

Da es eine kaum überschaubare Zahl von Online-Stellenbörsen gibt, lohnt es sich nicht, auf die Handhabung jeder einzelnen einzugehen. Die Eingabe von Stellenangeboten erfolgt in der Regel formularbasiert und ist im Prinzip selbsterklärend. Die weitaus größere Herausforderung besteht im Aufspüren der für Ihren persönlichen Zweck am besten geeigneten Stellenbörse(n). Sicherlich ist Ihnen aus der Werbung der ein oder andere Anbieter bekannt. Aber die bekanntesten, größten und teuersten sind nicht zwangsläufig die beste Wahl für Ihre konkrete Suche.

Wie aber macht man die „richtigen" Anbieter ausfindig? In erster Linie sollten Sie bei der Auswahl einer geeigneten Stellenbörse auf eine entsprechende Spezialisierung achten. Denn nur wenn Ihre Zielgruppe auch tatsächlich beim Anbieter Ihrer Wahl nach Stellen sucht, ist sicher gestellt, dass Ihr(e) Stellenangebot(e) die richtigen Fachkräfte erreicht/-en. Andernfalls verlieren sich Ihre Anzeigen im virtuellen Nirvana. Eine Möglichkeit, spezialisierte Stellenbörsen ausfindig zu machen, ist die Durchführung einer Websuche unter Verwendung der Ihnen bereits bekannten Suchoperatoren. Mit Hilfe des **intitle:** -Operators gelangen Sie schnell und unkompliziert zu einer Auswahl passender Anbieter. Achten Sie dabei auf die Einbeziehung möglicher Alternativbezeichnungen, wie z.B. *„Jobbörse"* anstatt *„Stellenbörse"*. Zur Veranschaulichung nehmen wir an, Sie suchen nach speziellen Stellenbörsen für Ingenieure oder Techniker.

Anwendungsbeispiele

Eingabe1: intitle:stellenbörse intitle:ingenieure

Variante: allintitle:stellenbörse ingenieure

Eingabe 2: intitle:jobbörse intitle:ingenieure
Variante: allintitle:jobbörse ingenieure

Ausgabe: Sie erhalten eine Liste von Stellenbörsen, deren Titel den Begriff *„Ingenieure"* enthält.

Um zu vermeiden, dass Ihnen durch die Einschränkung interessante Stellenbörsen entgehen, führen Sie im Anschluss an die Auswahl der Ihnen am geeignetsten erscheinenden Anbieter eine Kontrollsuche mittels des **related:** -Operators (vgl. Kap. 4.1.3.5) durch. Dasselbe gilt für den Fall, dass Ihnen aus früheren Suchvorhaben bereits eine bestimmte Stellenbörse bekannt ist, und Sie nun ähnliche Stellenbörsen ausfindig machen möchten. Der Vollständigkeit halber möchten wir anmerken, dass die mittels des **related:** -Befehls ermittelten Webseiten der Ausgangsseite lediglich im weitesten Sinne ähnlich sind und anschließend manuell auf ihre tatsächliche Eignung geprüft werden müssen.

Anwendungsbeispiel

Eingabe: related:bereits-bekannte-jobbörse.de

Ausgabe: Sie erhalten eine Liste von Webseiten, die der eingegebenen Webseite inhaltlich im weitesten Sinne ähnlich sind.

Wenn Sie an einer relativ vollständigen und aktuellen Übersicht deutschsprachiger Online-Stellenbörsen interessiert sind, möchten wir Sie auf bestehende, manuell zusammengestellte und gepflegte Listen verweisen. Die umfangreichste Datenbank mit Branchensortierung finden Sie auf dem Portal *Crosswater-Systems* [www.crosswater-systems.com/ej2000.htm].

Haben Sie eine oder mehrere Jobbörsen ausgesucht, in denen Sie Ihre Stellenanzeigen positionieren möchten, sollten Sie im nächsten Schritt überprüfen, ob die Stellenanzeigen in diesen Stellenbörsen von externen Websuchmaschinen (*Google*, *Yahoo!*, *Bing*) indiziert werden. Wird eine Stellenbörse indiziert, können Jobsuchende Ihre Anzeige neben der stellenbörseninternen Suchmaschine zusätzlich über externe Suchmaschinen finden. Wird eine Stellenbörse dagegen nicht indiziert, ist sie ausschließlich über die Suchfunktion auf der Seite des Anbieters auffindbar und büßt kostbare Reichweitenvorteile ein. Wenn Sie sich vergegenwärtigen, dass die Mehrheit der Internetnutzer ihre Stellensuche mit einer Websuchmaschine wie *Google* oder *Yahoo!* beginnen (Ergebnis einer unveröffentlichten Feldstudie der *atenta Personalberatung* vom August 2008), wird schnell deutlich, dass die Schaltung von Anzeigen in einer indizierten Stellenbörse Ihre Erfolgsaussichten entscheidend erhöht.

Die Indizierbarkeit einer Stellenbörse bzw. von deren Anzeigen prüfen Sie am schnellsten mit dem **site:** -Befehl.

Es werden alle Seiten angezeigt, die mit der eingegebenen Adresse assoziiert werden. Klicken Sie sich stichprobenartig durch die Links auf den ersten Ergebnisseiten. Achten Sie darauf, ob darunter tatsächlich Stellenanzeigen sind. Ist das nicht der Fall (Bsp. site:joboerse2.arbeitsagentur.de), können die Stellenanzeigen dieser Jobbörse extern nicht durchsucht werden.

Anwendungsbeispiel

Eingabe: site:jobboerse-ihrer-wahl.de "Stellen- bzw. Berufsbezeichnung Ihrer Wahl, z.B. Dipl.-Ing. Maschinenbau"

Ausgabe: Die Trefferliste umfasst alle zu Ihrer Suchphrase* (Stellenbezeichnung) unter der entsprechenden Domain* indizierten Unterseiten. Werden keine Unterseiten ausgegeben, sind keine indiziert. Um sicher zu gehen, wiederholen Sie die Abfrage mit einer weit verbreiteten Stellenbezeichnung.

Hinweis: Die Anzeigen in der Datenbank der Stellenbörse der Arbeitsagentur können zwar nicht direkt extern durchsucht werden, da die Anzeigen auf Wunsch aber inzwischen an mehr als 30 Kooperationsseiten verteilt werden, landet Ihre Anzeige auf jeden Fall in Stellenbörsen, die indizierbar sind.

In Bezug auf die Kosten der Anzeigenschaltung bei bekannteren kostenpflichtigen Stellenbörsen weisen wir darauf hin, dass einige auf Anzeigenschaltung spezialisierte Medienagenturen vorteilhafte Konditionen anbieten, wenn Ihre Stellenanzeige gleichzeitig bei mehreren Jobbörsen geschaltet werden soll. In Zusammenarbeit mit solchen Agenturen sind teilweise deutliche Einsparungen möglich. Da jedoch eine relativ große Zahl werbefinanzierter Stellenbörsen existiert, ist es möglich, erfolgreiche Kampagnen zu implementieren ohne auf kostenpflichtige Angebote zurückgreifen zu müssen.

Neben der klassischen Anzeigenschaltung empfehlen wir Ihnen unbedingt die Anmeldung der eigenen Stellenseite (sofern vorhanden) bei mehreren Meta-Jobsuchmaschinen.

Ihre Zahl ist im Vergleich zu den klassischen Jobbörsen sehr überschaubar, wodurch sich auch die Suche nach Meta-Jobbörsen wesentlich einfacher gestaltet. Um Meta-Jobsuchmaschinen ausfindig zu machen, nutzen Sie die Methode zur Identifizierung von fachspezifischen Stellenbörsen. Die Anmeldung bei Meta-Jobsuchmaschinen ist in der Regel sehr einfach und erfordert minimalen Zeitaufwand. Da es unter den Meta-Jobsuchmaschinen unterschiedliche Geschäftsmodelle gibt, kann es vorkommen, dass Ihnen neben der einfachen kostenlosen Erfassung Ihrer Stellenanzeigen kostenpflichtige Angebote, wie z.B. Pay-per-Click* oder häufigere Aktualisierung, unterbreitet werden. Die Sinnhaftigkeit solcher Angebote hängt von Ihren Zielen und Ihrer Suchstrategie ab. Sollte Ihr Unternehmen über keine eigene Internetseite samt Stellenseite verfügen, können Sie von den Meta-Jobsuchmaschinen keinen Gebrauch machen. Für die schnelle und kostengünstige Erstellung von kleinen Unternehmenspräsenzen verweisen wir auf die sehr nutzerfreundlichen und leicht erlernbaren Blog-Plattformen (z.B. *Wordpress*) und Homepage-Baukästen (z.B. *Google Base*).

Profildatenbanken

Sehr viele der Online-Jobbörsen verfügen über eine Datenbank mit Kandidatenprofilen. Haben Sie eine interessante Jobbörse ausfindig gemacht, haben Sie gleichzeitig auch die Möglichkeit, den Zugang zu der Profildatenbank zu erlangen. Achten Sie stets auf die Qualität der Daten und die für Sie verständliche Bedienbarkeit und Nutzung der internen Suchmaschine. Für die aktive Suche in diesen Profildatenbanken lassen sich neben der Nutzung Boolescher Operatoren keine besonderen Tricks empfehlen. Da jedoch nicht alle Datenbanken dieselben Befehle unterstützen, erkundigen Sie sich vor Beginn Ihrer Suche beim Support oder ermitteln Sie die unterstützten Operatoren mit einigen einfachen Tests selbst. Die Kosten für den Datenbankzugang und die Qualität bzw. Aktualität der hinterlegten Daten unterscheiden sich je nach Anbieter sehr stark voneinander, weshalb Sie stets auf einen Testzugang bestehen sollten. So vermeiden Sie, viel Geld für wenig Daten oder einen Haufen „Karteileichen" zu bezahlen.

4.3 Foren und Portale

4.3.1 Einführung Webforen

Ein Webforum (engl. Webboard) ist zuerst einmal eine Webseite im World Wide Web, deren Hauptzweck die Kommunikation und der Austausch der Nutzer untereinander ist. Die Inhalte eines Webforums bestehen daher ausschließlich aus den Textbeiträgen der Nutzer. Für gewöhnlich haben Webforen ein bestimmtes Schwerpunktthema, das die thematische Richtlinie für alle dort geführten Diskussionen bildet.

Es gibt unzählig viele Webforen zu allen erdenklichen Themen aus Beruf und Freizeit. Menschen, die an einem bestimmten Thema oder einer bestimmten Fragestellung interessiert sind, suchen sich im Web ein passendes Forum, melden sich dort an und nehmen an Diskussionen teil. Die Kommunikation in den Webforen erfolgt asynchron. Das bedeutet, dass eine gewisse Zeit vergeht, bis ein Beitrag von anderen Nutzern gelesen und beantwortet bzw. kommentiert wird. Man stellt seine Frage ins Forum und wendet sich danach wieder beliebigen anderen Aufgaben des Alltags zu. Je nach Bedarf und Möglichkeit kehrt man einige Zeit später ins Forum zurück und kann damit rechnen, dass die eigene Frage inzwischen beantwortet oder kommentiert wurde. Die neu hinzu gekommenen Beiträge kann man wiederum erneut beantworten oder kommentieren. Auf diese Weise entsteht Zug um Zug eine Diskussion rund um das jeweilige Thema. Aufgrund der so entstehenden, verzweigten Struktur der einzelnen Beiträge werden diese *threads** (thread = Diskussionsbaum) genannt. Der Nachteil einer solchen asynchronen Kommunikation ist die Zeitverzögerung zwischen Frage und Antwort. Gleichzeitig ist es ein Vorteil, dass die eigene Frage über Jahre archiviert bleibt und man auch nach längerer Zeit mit interessanten Antworten rechnen kann, die häufig neue Aspekte oder thematische Randbereiche beleuchten.

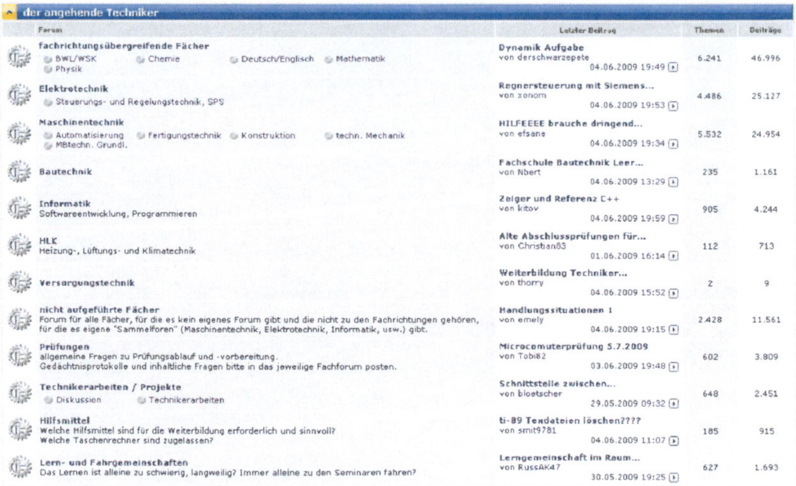

der angehende Techniker

Forum	Letzter Beitrag	Themen	Beiträge
fachrichtungsübergreifende Fächer BWL/WSK Chemie Deutsch/Englisch Mathematik Physik	**Dynamik Aufgabe** von derschwarzepete 04.06.2009 19:49	6.241	46.996
Elektrotechnik Steuerungs- und Regelungstechnik, SPS	**Regnersteuerung mit Siemens...** von xonom 04.06.2009 19:53	4.486	25.127
Maschinentechnik Automatisierung Fertigungstechnik Konstruktion techn. Mechanik MBtechn. Grundl.	**HILFEEEE brauche dringend...** von efsane 04.06.2009 19:34	5.532	24.954
Bautechnik	**Fachschule Bautechnik Leer...** von Nbert 04.06.2009 13:29	235	1.161
Informatik Softwareentwicklung, Programmieren	**Zeiger und Referenz C++** von kitov 04.06.2009 19:59	905	4.244
HLK Heizung-, Lüftungs- und Klimatechnik	**Alte Abschlussprüfungen für...** von Christian83 01.06.2009 16:14	112	713
Versorgungstechnik	**Weiterbildung Techniker...** von thorry 04.06.2009 15:52	2	9
nicht aufgeführte Fächer Forum für alle Fächer, für die es kein eigenes Forum gibt und die nicht zu den Fachrichtungen gehören, für die es eigene "Sammelforen" (Maschinentechnik, Elektrotechnik, Informatik, usw.) gibt.	**Handlungssituationen 1** von emely 04.06.2009 19:15	2.428	11.561
Prüfungen allgemeine Fragen zu Prüfungsablauf und -vorbereitung. Gedächtnisprotokolle und inhaltliche Fragen bitte in das jeweilige Fachforum posten.	**Microcomuterprüfung 5.7.2009** von Tobi82 03.06.2009 19:48	602	3.809
Technikerarbeiten / Projekte Diskussion Technikerarbeiten	**Schnittstelle zwischen...** von bloetscher 29.05.2009 09:32	648	2.451
Hilfsmittel Welche Hilfsmittel sind für die Weiterbildung erforderlich und sinnvoll? Welche Taschenrechner sind zugelassen?	**ti-89 Texdateien löschen????** von smit9781 04.06.2009 11:07	185	915
Lern- und Fahrgemeinschaften Das Lernen ist alleine zu schwierig, langweilig? Immer alleine zu den Seminaren fahren?	**Lerngemeinschaft im Raum...** von RussAK47 30.05.2009 19:25	627	1.693

Ansicht eines klassischen Webforums

4.3.2 Möglichkeiten der Personalsuche

Als Foren-Neuling sollten Sie sich grundsätzlich erst einmal umsehen und mit den Gepflogenheiten des Forums vertraut machen. Die Inhalte der meisten Webforen können ohne Registrierung gelesen werden. Sie können sich also zunächst ein Bild machen bevor Sie entscheiden ob sich eine Registrierung wirklich lohnt. Da Ihr Forenbesuch auf die Suche nach hochqualifiziertem Personal abzielt, interessiert Sie in erster Linie inwieweit ein Webforum für diesen Zweck geeignet ist. Folgende Überlegungen erleichtern Ihnen die Einschätzung:

1.) Liegt der inhaltliche Schwerpunkt des Forums auf fachlichen und beruflichen Themen oder eher im Bereich Freizeit?

2.) Wie ist die Zusammensetzung der Themen im Forum, worüber wird sich ausgetauscht, wie ist das Niveau der Diskussionen einzuschätzen?

3.) Gibt es eine gesonderte Rubrik für Stellenanzeigen?

Aus den Antworten auf diese Fragen ergibt sich der Nutzen für die Personalsuche. Erfüllt das Forum Ihre Ansprüche, registrieren Sie sich dort, um Benutzer kontaktieren und Beiträge posten zu können. Ist eine Rubrik für Stellenangebote vorhanden, stellen Sie im Anschluss an die Registrierung als erstes Ihre Anzeige ein. Wenn es keine klar erkennbare Stellenrubrik gibt, schreiben Sie zunächst den Forums-Administrator* (Admin - üblicherweise zu finden unter Kontakt oder Impressum) an und erfragen Sie, ob das Posten von Stellenanzeigen erwünscht und in welchem Bereich dies ggf. möglich ist. Durch diese Vorgehensweise vermeiden Sie eine eventuelle Löschung Ihrer Anzeige, z.B. weil sie aus Sicht des Admins in der „falschen" Kategorie steht. Wenn ein Forum eine Rubrik für Stellenangebote enthält, so finden Sie daneben häufig auch eine Rubrik für Stellengesuche. Dort sollten Sie direkt im Anschluss an die Veröffentlichung Ihres Stellenangebotes nach geeigneten Kandidaten suchen und geeignete Kandidaten umgehend ansprechen.

Im nächsten Schritt analysieren Sie die Nutzerbeiträge in den einzelnen Threads* der für Sie relevanten Rubriken. Entdecken Sie jemanden, der durch qualifizierte Beiträge mit Bezug zum fachlichen Anforderungsprofil Ihrer Vakanz hervorsticht, sollten Sie diese Person kontaktieren und auf Ihre Vakanz hinweisen. Falls Ihr Angebot für die Person selbst nicht in Frage kommt, unterhält sie Kontakte innerhalb des für Sie interessanten Personenkreises. Als registrierter Nutzer können Sie andere Nutzer des Webforums diskret über eine private Nachricht („PM" - Private Message) kontaktieren. In einigen Foren gelangen Sie durch einen Klick auf den Nutzernamen auf ein Nutzerprofil mit Emailadresse oder finden entsprechende Daten in der Signatur. In diesen Fällen empfiehlt sich die Kontaktaufnahme per Email. Seien Sie bei Ihrer Kontaktaufnahme stets freundlich und machen Sie möglichst wahrheitsgetreue Angaben zu Ihrer Person und ihren Kontaktdaten. Auch wenn in den Webforen die Benutzung von Spitznamen (Nicknames*) üblich ist, können Sie über die Angabe Ihres wirklichen Namens die Seriosität Ihrer Absichten hervorheben. Seien Sie nicht enttäuscht, wenn nicht jede Ihrer direkten Kontaktaufnahmen erwidert wird.

Wenn Sie eine langfristige Strategie der Mitarbeitersuche im Internet verfolgen möchten, empfiehlt sich die aktive Teilnahme an bestehenden Diskussionen und die Einbringung eigener Themen. So können Sie nach und nach ein Vertrauensverhältnis zu den anderen Forumsmitgliedern aufbauen und Ihr Unternehmen durch die Bekanntmachung interessanter und relevanter Details für potentielle Arbeitnehmer interessant machen. Als bekanntes und langfristiges Forenmitglied haben Sie schließlich wesentlich bessere Aussichten auf positive Reaktionen und Hilfe seitens der anderen Mitglieder.

4.3.3 Identifizierung geeigneter Webforen

Die tatsächliche Herausforderung besteht jedoch nicht in der eigentlichen Nutzung der Webforen. Denn die ist nach einer kurzen Einarbeitungszeit absolut unproblematisch und wird Ihnen auch ohne fundierte Internetkenntnisse leicht gelingen. Das Aufspüren von tatsächlich geeigneten Foren stellt Sie dagegen vor eine wesentlich komplexere Aufgabe. Ein Webforum ist nämlich eine Webseite unter Milliarden und die Suche danach ähnelt zuweilen der nach der sprichwörtlichen Nadel im Heuhaufen. Sie müssen die Suche geschickt angehen, um nicht wertvolle Stunden für das Durchforsten endloser Ergebnislisten zu verlieren, gleichzeitig jedoch darauf achten, interessante Webforen nicht aus Zeitmangel auszulassen. Um diese Herausforderung zu meistern sollten Sie sich die fortgeschrittenen Funktionen der Websuchmaschinen zunutze machen (vgl. Kap. 4.1.3.5). Die Suchmaschinen erfassen die Mehrzahl der im Web vorhandenen Foren samt der dazugehörigen Unterseiten. Voraussetzung für die Indexierung ist natürlich, dass die Foren ohne Registrierung zugänglich d.h. zumindest lesbar sind. Geschlossene Foren können von den Suchmaschinen nicht oder nur zu Bruchteilen erfasst werden, was zu Schwierigkeiten beim Ausfindigmachen und der Einschätzung der Relevanz führt. Die Mehrzahl der berufsbezogenen Foren ist jedoch erfahrungsgemäß „offen".

Für die Suche nach Foren verwenden wir üblicherweise die ***Google***-Suchmaschine zusammen mit den folgenden Befehlen.

intext: (allintext:); inurl: (allinurl:); intitle: (allintitle:); related:

Geht es im ersten Suchdurchgang darum, sich zunächst eine grobe Übersicht mit eventuell relevanten Foren zu verschaffen, empfiehlt sich die Benutzung einer Kombination aus **inurl:** und **intitle:** in Verbindung mit berufsbezogenen Stichworten.

Anwendungsbeispiel
Eingabe: inurl:forum intitle:Technik

Ausgabe: Diese Suchkette ergibt eine Liste mit Webseiten, die sich schon durch ihre URL als Forum zu erkennen geben und im Seitentitel den Begriff „*Technik*" enthalten.

Um Ihre Suche weiter einzugrenzen, können Sie Ihre Suchkette um den Befehl **intext:** und ein weiteres Stichwort ergänzen.

Durchsuchen Sie die Ergebnisliste (bei *Google* „in den Ergebnissen suchen" unter dem Suchfeld am unteren Seitenrand) mit der Einschränkung **intext:CAD**, wird die vorherige Ergebnisliste auf solche Webseiten reduziert, die neben den Begriffen „*Forum*" in der URL* und „*Technik*" im Seitentitel außerdem den Begriff „**CAD**" im Textkörper enthalten. Als Resultat erhalten Sie eine Liste von Webseiten, bei denen es sich mit hoher Wahrscheinlichkeit um Foren mit technischem Bezug handelt, in denen CAD-Themen behandelt werden. Sind die Ergebnisse noch immer zu ungenau, sollten Sie die Suche weiter eingegrenzt oder neu kombinieren.

Sie können Ihre Suche natürlich auch direkt mit einer komplexen Suchkette beginnen und diese in unterschiedlichsten Kombinationen benutzen.

Anwendungsbeispiel

Eingabe: inurl:forum intitle:Technik intext:CAD oder inurl:technik intitle:forum intext:CAD usw.

Ausgabe: Diese Suchketten liefern Ihnen eine Liste von Foren mit technischem Bezug und Beiträgen zum Thema „*CAD*".

Unabhängig von der Anzahl der Einschränkungen und den einzelnen Suchworten werden Ihre Ergebnisse deutlich präziser ausfallen, als wenn Sie einfach die Begriffe **forum technik cad** in das *Google*-Suchfeld eingeben. Vergleichen Sie einfach die Zahl der Suchergebnisse und ihre Qualität.

Haben Sie in einem konkreten Fall bereits einige interessante Forenseiten gesammelt, kann die Suche nach *ähnlichen Seiten* interessante Ergebnisse hervorbringen. Dies erfolgt über den Befehl **related:** in Verbindung mit der URL eines von Ihnen geschätzten Forums.

Anwendungsbeispiel

Eingabe: related:www.techniker-forum.de

Ausgabe: Als Ergebnis dieser Suche erhalten Sie eine überschaubare Liste weiterer Foren mit technischem Bezug. Haben Sie auf diese Weise die für Ihren Suchauftrag relevanten Foren ermittelt, ist es wesentlich praktischer, die interne Stichpunktsuche im Forum einzusetzen, um gezielt nach Beiträgen zu einem bestimmten Thema zu suchen.

Portale

Aufgrund des engen Zusammenhangs mit den Foren möchten wir abschließend kurz auf die sogenannten Webportale eingehen. Webportale sind Web-Plattformen, die Ihren Nutzern mehrere Dienste gebündelt zur Verfügung stellen. Branchenspezifische Webportale bieten häufig eine Seite mit Branchennachrichten, einen Marktplatz, ein Forum und eine spezialisierte Stellenbörse. Der Aufbau der Portale ist ähnlich, der Angebotsumfang variiert sehr stark. Für Sie als Personalsuchenden sind vor allem Foren und Stellenbörsen interessant. Hinsichtlich der Vorgehensweise besteht kein Unterschied zu den bereits geschilderten Methoden.

Darüber hinaus bieten Portale gelegentlich nützliche Zusatzinformationen für Ihre Suche, wie z.B. Linklisten, über die Sie auf weitere im Rahmen Ihrer Suche interessante Webseiten gelangen. Das eröffnet Ihnen die theoretische Option sich bei Ihrer Suche an der Linkliste des jeweiligen Portals zu orientieren, anstatt alle relevanten Foren mit Hilfe einer Suchmaschine eigenhändig herauszusuchen. Da jedoch nicht für alle Branchen umfangreiche Portalangebote existieren, und die Gefahr besteht aufgrund unvollständiger Linklisten wichtige Foren zu verpassen, betrachten Sie diese Möglichkeit lediglich als eine hilfreiche Zusatzoption, keinesfalls aber als Patentlösung.

4.4 USENET

4.4.1 Einführung

Das USENET (Unix **User Net**work) ist ein Internetdienst, der den meisten Internetnutzern nicht bekannt ist. Es ist ein eigenständiges weltweites Netzwerk von dezentralen Nachrichtenservern. Hunderttausende von Newsgroups (vergleichbar mit aus dem World Wide Web bekannten Diskussionsforen) mit Milliarden von Nutzer-Beiträgen (Posts) zu verschiedensten Themen sind über hunderte von Nachrichtenservern in der ganzen Welt erreichbar. Durch den dezentralen Aufbau variiert dabei die auf einem beliebigen Server verfügbare Auswahl von Newsgroups. Als Teilnehmer bzw. Nutzer des USENET mit einem Zugang zu einem Nachrichtenserver hat man die Möglichkeit, alle auf einem Nachrichtenserver verfügbaren Newsgroups mit Hilfe eines Clients* zu abonnieren, offline zu lesen, eigene Beiträge zu erstellen und diese anschließend auf den Server hochzuladen, so dass sie den anderen Nutzern zur Verfügung stehen. (Zug-um-Zug, asynchrone Kommunikation).

4.4.2 Möglichkeiten der Personalsuche

Der Nutzen des USENET für die Personalsuche liegt auf der Hand. Wo sich viele Menschen über spezielle Themen austauschen, lassen sich fachlich versierte Kandidaten vermuten. Allerdings ist die Suche im USENET nicht für alle Berufsbilder geeignet. Die Anzahl der deutschsprachigen Newsgroups mit einem eindeutigen beruflichen Bezug ist recht begrenzt. Sie sollten deshalb den Zeitaufwand und den Nutzen der Suche sorgfältig abwägen, bevor Sie sich in den Weiten des USENET auf die Suche nach einem seltenen Berufsbild begeben. Hervorzuheben ist jedoch die hohe Anzahl von sehr gut frequentierten und relativ einfach zu lokalisierenden Gruppen mit einem klaren IT-Bezug. Dort tauschen sich Nutzer zu unterschiedlichen IT-Themen (Topics*) aus (von Hardwareproblemen bis zur Optimierung des Quellcodes in verschiedenen Programmiersprachen (C, Java, Python usw.). Sind Sie auf der Suche nach einem Softwareentwickler, genügt häufig ein kurzer Blick auf einige Themen (engl. Topics) oder Beiträge (engl. Posts) eines Nutzers um Aufschluss über seine mögliche Eignung zu erhalten. Haben Sie einen interessanten Kandidaten

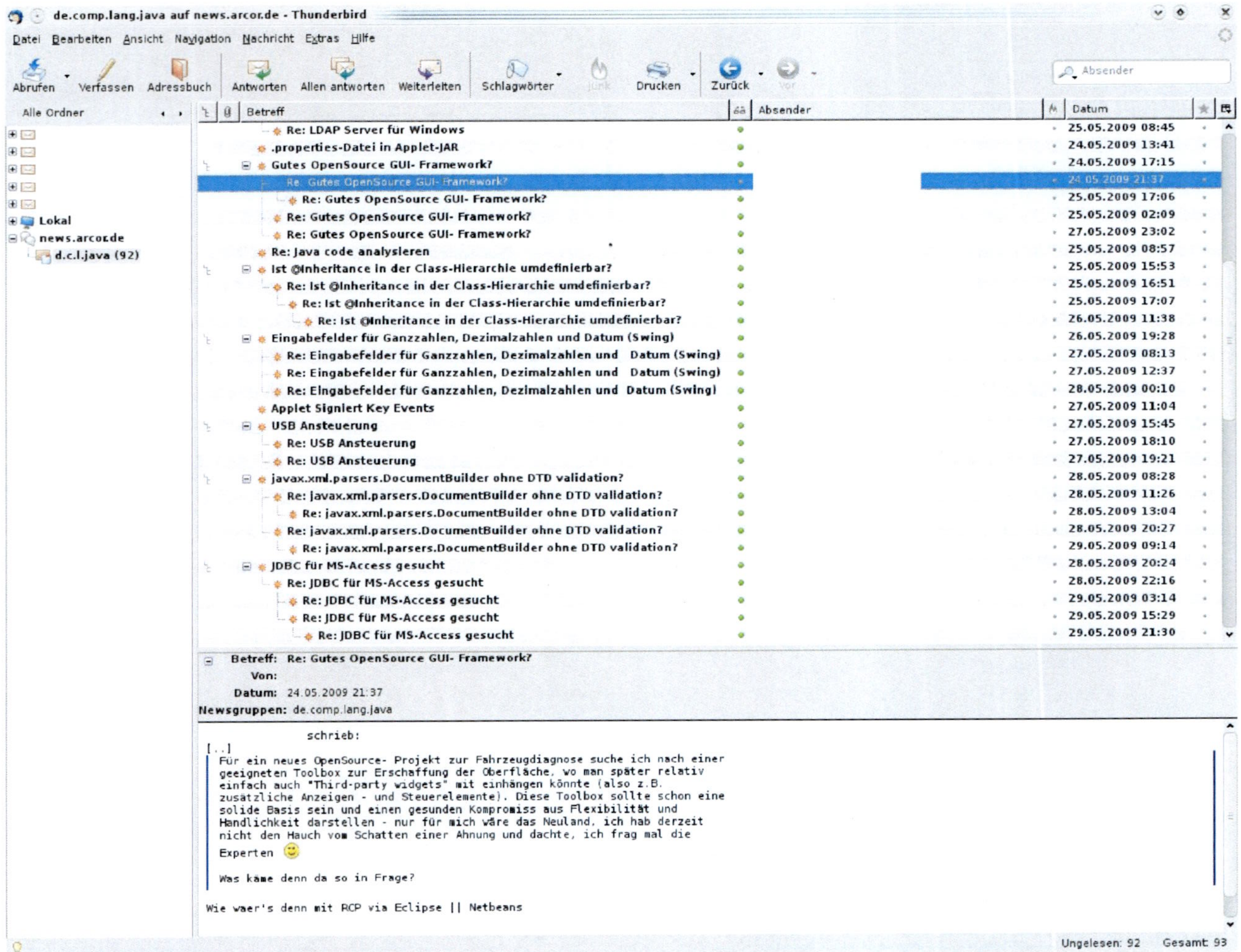

Mozilla Thunderbird Client - Nachrichten der USENET-Gruppe de.comp.lang.java

ausfindig gemacht, ist die persönliche Kontaktaufnahme unproblematisch, da die Angabe des echten Namens und der Email-Adresse in seriösen Gruppen zum guten Ton gehört.

Zu den hervorgehobenen IT-Newsgroups kommen universitäre und wissenschaftliche Newsgroups sowie Newsgroups von bekannten IT-Unternehmen hinzu. Insbesondere für Unternehmen auf der Suche nach IT-Spezialisten lohnt sich daher die Personalsuche im USENET.

4.4.3 Zugang und Kandidatenrecherche

Vor der Nutzung des USENET stellen sich einem Anfänger zwei entscheidende Fragen: wie verschaffe ich mir Zugang und wie funktioniert die Kandidatenrecherche im USENET?

4.4.3.1 Zugang zum USENET

Der Zugang zum USENET stellt kein Problem dar. Abhängig von den Ansprüchen an die Anzahl und Auswahl der von einem Nachrichtenserver (bzw. Provider) geführten Newsgroups, Übertragungsgeschwindigkeit und Stabilität der Übertragung sowie die Dauer der Archivierung der Nachrichten (Retention), können Sie zwischen kostenlosen und kostenpflichtigen USENET-Providern wählen. Tendenziell bieten kostenpflichtige Provider (ab wenigen Euro pro Jahr) eine umfangreichere Auswahl von Newsgroups und besseren Service. Für die Zwecke der Personalsuche sind die kostenlosen Angebote in den meisten Fällen jedoch ausreichend.

Ein guter kostenloser Provider ist ***Arcor*** [www.arcornews.de], insbesondere da Sie kein Arcor-Kunde sein müssen, um sich für diesen Service anzumelden. ***Arcornews*** bietet Zugang zu 16.000 Newsgroups, darunter auch viele mit IT-Bezug. Für 10 Euro im Jahr erhalten Sie von **news.individual.de** (ein Angebot der *FU Berlin*) Zugang zu 25.000 Newsgroups. Bei **giganews.com** haben Sie ab ca. 25 Euro jährlich schon knapp 110.000 Newsgroups zur Auswahl. Selbstverständlich gibt es auch eine ganze Reihe anderer Anbieter, deren Angebote Sie bei Interesse auf eigene Faust prüfen und vergleichen sollten. Hier sind zwei Listen deutschsprachiger und internationaler Provider:

1.) http://cord.de/proj/newsserverliste/

2.) http://www.usenet-guide.de/Usenet-Provider-Vergleich.htm

Haben Sie sich für einen Provider entschieden und sich für einen Zugang angemeldet, benötigen Sie einen USENET-fähigen Client. Als Einstiegslösung empfiehlt sich die Nutzung des Outlook- oder Mozilla Thunderbird E-Mail-Clients, welche gleichzeitig auch als USENET-Clients fungieren können. (Hintergrundinfos zu verschiedenen Newsreadern finden Sie hier: www.thomas-huehn.de/usenet/newsreaderFAQ.txt und hier: www.usenet-guide.de/Usenet-Software.htm). Die Konfigurations*-Anleitungen findet man für gewöhnlich bei den Providern bzw. im HELP der Softwarepakete. (Mit Hilfe des Clients abonnieren Sie interessante Newsgroups. Das heißt der Client lädt alle neuen Nachrichten herunter, damit Sie sie offline in aller Ruhe lesen können. Wenn Sie eine eigene Nachricht bzw. eine Antwort in der abonnierten Newsgroup verfassen, lädt der Client sie hoch.)

4.4.3.2 Kandidatenrecherche im USENET über Google Groups

Neben der empfehlenswerten Möglichkeit mittels eines solchen Offline-Clients am USENET teilzunehmen, haben Sie die Option, zunächst ohne einen Provider und ohne Konfiguration eines Clients, über Ihren Browser* einen Teil der USENET-Gruppen online einzusehen. Der Service **groups.google.de** stellt neben den *Google*-eigenen Gruppen ein riesiges Archiv mit Datenbeständen des USENET zur Verfügung. Für die Nutzung benötigen Sie lediglich einen *Google*-Account* [https://www.google.com/accounts/NewAccount]. Als angemeldeter Benutzer können Sie sich durch die katalogisierten, nach Themengebieten und anderen Kriterien sortierten *Google*-Gruppen durchklicken. Darüber hinaus besteht die Möglichkeit, die USENET Datenbestände, die mehrere Jahre zurückreichen, nach Stichpunkten zu durchsuchen. Diese Vorgehensweise empfiehlt sich für alle Anfänger, um sich schnell und unkompliziert ein Bild vom USENET zu machen und sich im Dschungel der Newsgroups zu orientieren.

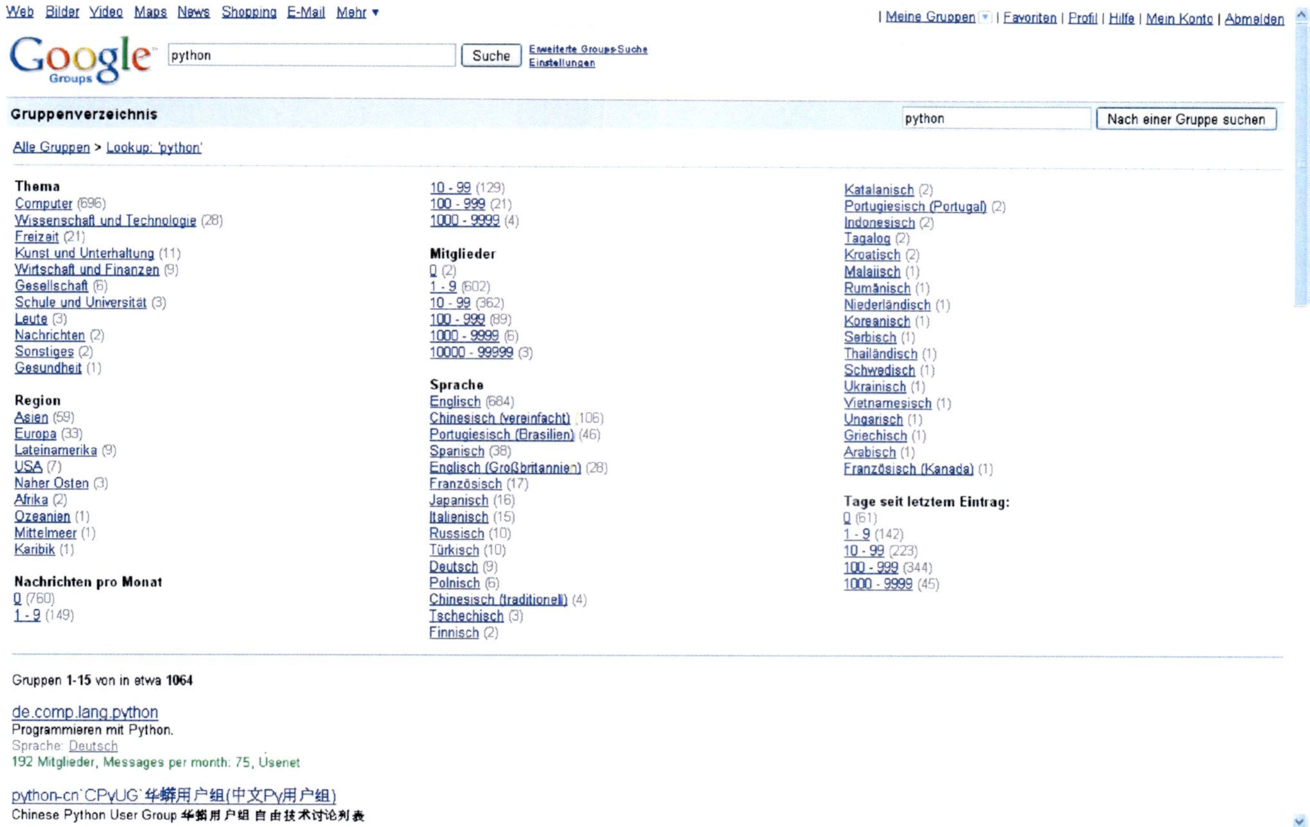

Google Groups - Beispieleingabe und Auszug aus der Trefferliste

Ein Bonus von **groups.google.de** für Personalsuchende ist die Möglichkeit, sich ein Aktivitäts-Profil der Autoren im USENET anzeigen zu lassen. Dieses enthält neben der Email-Adresse eine Übersicht der Newsgroups, in denen die Person aktiv war, und ein Zeitraster mit Angaben zur Aktivität des Nutzers. So ist es möglich einzusehen, wie viele Beiträge in welchen Gruppen in einem bestimmten Jahr verfasst wurden.

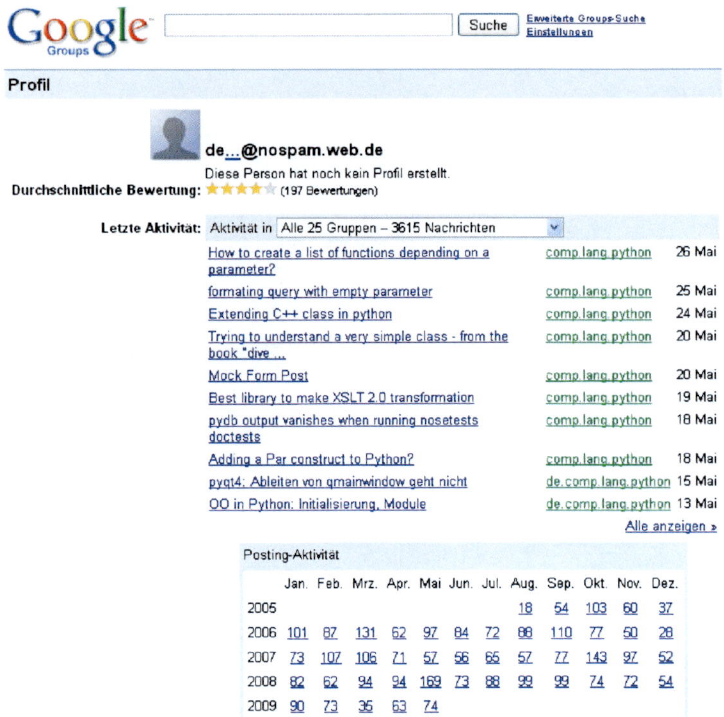

Google Groups - persönliches Profil eines Nutzers und seine Aktivitäten

Hilfreich für die Nutzung von groups.google.de sind auch drei spezifische Suchbefehle, mit deren Hilfe die Suche im Newsgroup-Dschungel etwas erleichtert werden kann.

insubject: (Bsp.: "insubject:python+java") - Zeigt alle Artikel mit den entsprechenden Begriffen in der Überschrift aus allen verfügbaren Newsgroups.

group: (Bsp.: "funktion group:de.comp.lang.python") - Zeigt alle Artikel in der Newsgroup de.comp.lang.python, die den Stichpunkt *„Funktion"* enthalten.

author: (Bsp.: "Python author:Max author:Mustermann" - Zeigt alle Artikel des Autors *„Max Mustermann"*, die das Wort *„Python"* enthalten.

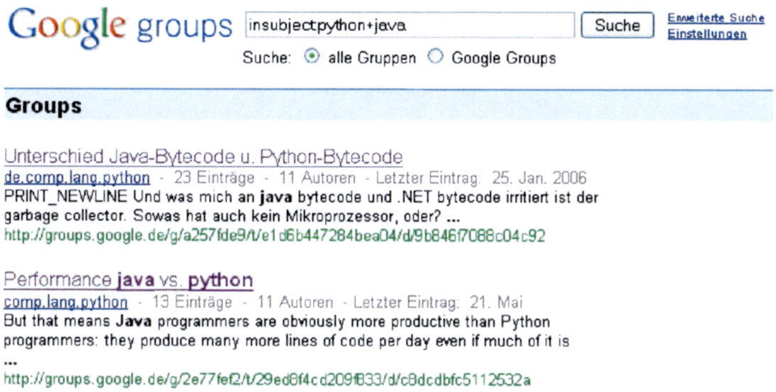

Google Groups - Beispieleingabe und Auszug aus der Trefferliste

Auf der Ausgangsseite von **groups.google.de** befinden sich zwei Suchfelder. Diese haben unterschiedliche Funktionen. Das obere Feld dient der allgemeinen Stichwortsuche in den erfassten USENET- und *Google-Groups*-Artikeln, sowie Artikeln aus einigen anderen Quellen (z.B. Foren). Die oben erwähnten Suchbefehle können ausschließlich in diesem Suchfeld verwendet werden. Über die erweiterten Funktionen dieses Suchfelds („Erweiterte Groups-Suche") können die Ergebnisse verfeinert werden. Mit dem unteren Suchfeld können Sie lediglich die Namen der erfassten USENET- und *Google*-Gruppen nach Stichpunkten durchsuchen.

Google Groups - Übersicht mit zwei Eingabemasken

Hinweis: aus technischen Gründen und aufgrund der Gepflogenheiten des USENET empfiehlt es sich nicht, groups.google.com zum Posten und Antworten auf USENET-Beiträge zu nutzen. Diese Vorgehensweise wird von den USENET-Nutzern nicht gerne gesehen und kann dazu führen, dass Ihre Beiträge nicht gesehen oder beachtet werden. Google ist nicht USENET, sondern lediglich ein Archiv mit verhältnismäßig bequemen Suchmöglichkeiten für Einsteiger. Haben Sie mit Hilfe von groups.google.de die passenden Newsgroups gefunden, sollten Sie diese von nun an mit Hilfe eines USENET-fähigen Offline-Clients nutzen.

4.4.3.3 Kandidatenrecherche im USENET über einen Offline-Client

Wenn Sie nicht unbedingt nach einzelnen Artikeln suchen möchten, sollten Sie das USENET nicht nur mittels *Google Groups* durchsuchen, sondern auch mittels Ihres Offline-Clients Newsgroups zu bestimmten Themen recherchieren. Die klare Hierarchie im USENET, die als Grundlage für die Namensgebung von Newsgroups dient, ermöglicht eine schnelle Suche über die Überschriften (Header) der Newsgroups. Sobald Sie sich mit Ihrem Offline-Client an einem Server angemeldet haben, steht Ihnen die Liste der Header aller Newsgroups auf dem Server zur Verfügung. Newsgroups sind nach Themen geordnet, was sich auch über die Präfixe im Header widerspiegelt. Diese haben z.B. die folgende Form: **de.comp.lang.java**. Dabei sind de (für deutsch) und comp (computer) standardisierte Präfixe. Alle Newsgroups mit gleichen Präfixen gehören zu bestimmten Hierarchien. Jede Newsgroup, die sich in deutscher Sprache mit Computern beschäftigt und als solche auch wahrgenommen und gefunden werden will, gehört zu den Hierarchien „deutschsprachig" und „Themen rund um Computer" und wird zumindest diese beiden Abkürzungen (de.comp) im Header aufweisen. Der Rest des Headers hilft, das Thema der Newsgroup zu präzisieren - so steht z.B. *lang* für language und *java* für die Programmiersprache Java. In der deutschsprachigen Newsgroup **de.comp.lang.java** wird folglich die Programmiersprache Java thematisiert.

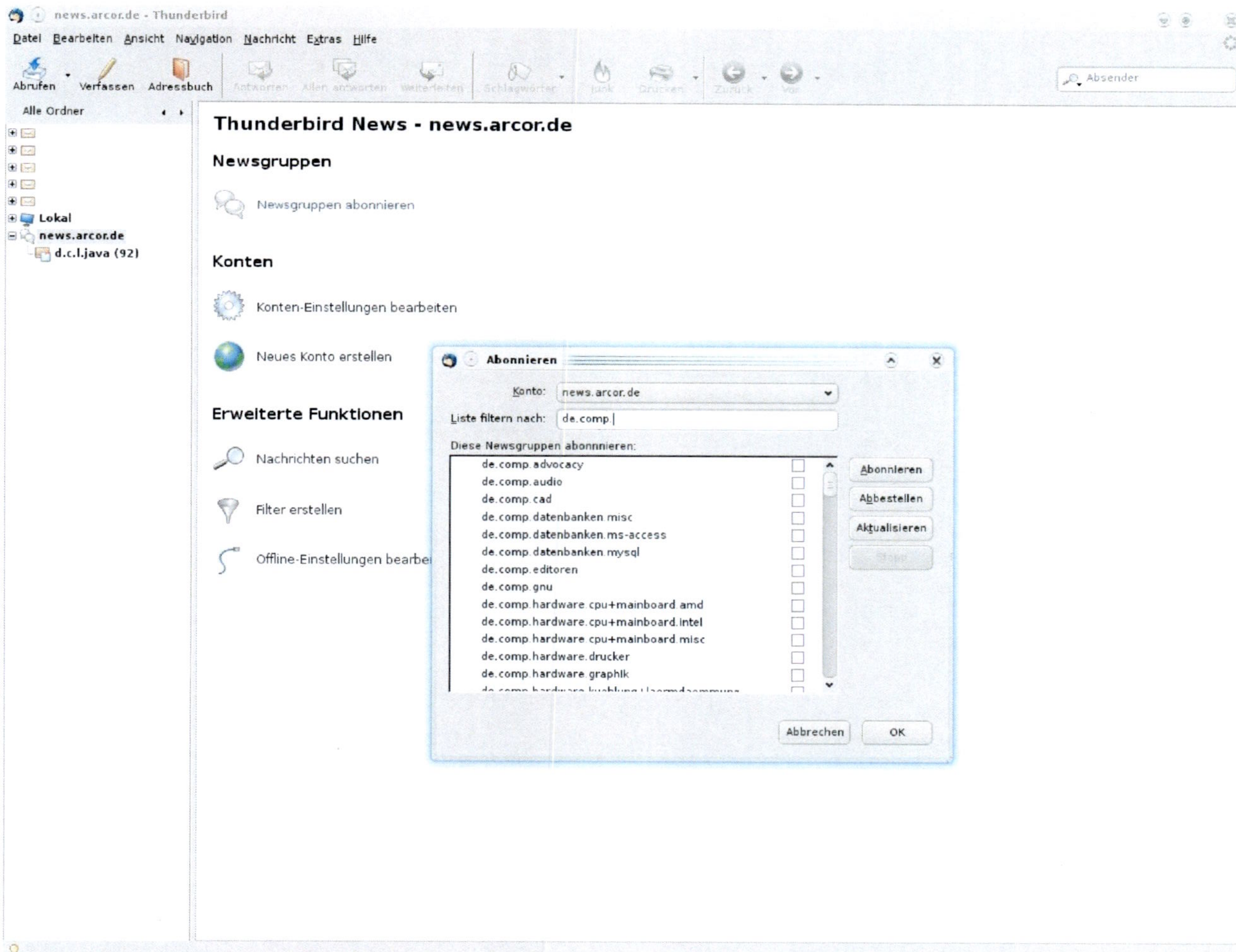

Mozilla Thunderbird Client - Abonnieren von USENET-Gruppen

Hier eine kleine Übersicht der klassischen Hierarchien:

Hierarchie	Themen
comp	Themen rund um den Computer
sci	Wissenschaft und Technik (*science*)
soc	Gesellschaftliche Themen (*social*)
talk	Allgemeine Gespräche über Dies und Das
rec	Alle Themen rund um Freizeit und Erholung, zum Teil auch Kunst und Kultur (*recreational*)
news	In dieser Hierarchie ist das Usenet selbst Gesprächsthema (*newsgroups*)
misc	Alles, was nicht in einer der oben genannten Newsgroups Thema ist (*miscellaneous*)

Hierarchie	Themen
alt	Die alt.*-Hierarchie ist der „anarchistische" Teil des Usenet. Die Einrichtung neuer Gruppen kann hier relativ formlos erfolgen, dementsprechend viele (aber qualitativ sehr unterschiedliche) Newsgroups gibt es hier.
alt.binaries	Dieser Unterhierarchie gebührt nochmals gesonderte Beachtung, da in ihren Gruppen auch Postings mit Dateianhängen (Binärdateien) erlaubt sind. Aufgrund des großen Datenvolumens und teilweise illegaler oder pornographischer Inhalte werden diese Gruppen fast ausschließlich von kommerziellen Newsservern geführt.
de	Der deutschsprachige Zweig des Usenet
de.answers	Hier werden regelmäßig FAQ* verschiedener Newsgroups gepostet.
de.comp	Computerbezogene Themen
de.sci	Wissenschaftliche und technische Gruppen

Nützlich bei den ersten Schritten ist eine Liste mit den Hierarchien, die von Ihrem Provider unterstützt werden (Bsp.: http://news.individual.de/hierarchies.php). Haben Sie sich im USENET erst zurechtgefunden, ist die Teilnahme an Diskussionen bzw. Kontaktaufnahme mit interessanten Nutzern selbsterklärend und hängt aus technischer Sicht von dem eingesetzten Client ab. Bei allen Aktivitäten im USENET sollten Sie stets die Netiquette (http://de.wikipedia.org/wiki/Netiquette) beachten. So können Sie mit wohlgesonnenen Gesprächspartnern rechnen.

Haben Sie Gefallen am USENET gefunden und möchten Ihre eigene Newsgroup einrichten, um z.B. offene Stellen zu veröffentlichen, ist auch dies kein Problem. Hierbei verweisen wir auf die Newsgroup **de.admin.infos**, in der Sie eine ausführliche Anleitung und Expertenrat finden können.

4.5 Internet Relay Chat/ IRC

4.5.1 Einführung

Neben dem World Wide Web und dem USENET gibt es, wie bereits erwähnt, auch den Internetdienst *Internet Relay Chat* bzw. *IRC*. Der IRC-Dienst dient zur Übertragung und Darstellung von Textnachrichten zwischen zwei oder mehreren Teilnehmern in Echtzeit. Man unterhält sich mit Hilfe der Tastatur. Die getippten Nachrichten werden umgehend auf dem Bildschirm des Gesprächspartners sichtbar und bleiben in Form eines Protokolls gespeichert, so dass eine laufende Unterhaltung jederzeit komplett abgebildet wird.

Zur Veranschaulichung kann man den IRC-Dienst mit dem Bushaltestellennetz einer Stadt vergleichen. Die Bushaltestellen einer bestimmten Linie sind IRC-Server, die einem bestimmten IRC-Netzwerk angehören. Genau wie im Fall von gewöhnlichen Bushaltestellen können die IRC-Netzwerke bzw. -Server von jedermann erreicht werden, man muss nur die Adresse, d.h. den Standort, kennen. Eine Liste von Netzwerken und Servern kann man, genau wie einen Bushaltestellenplan, im Web finden.

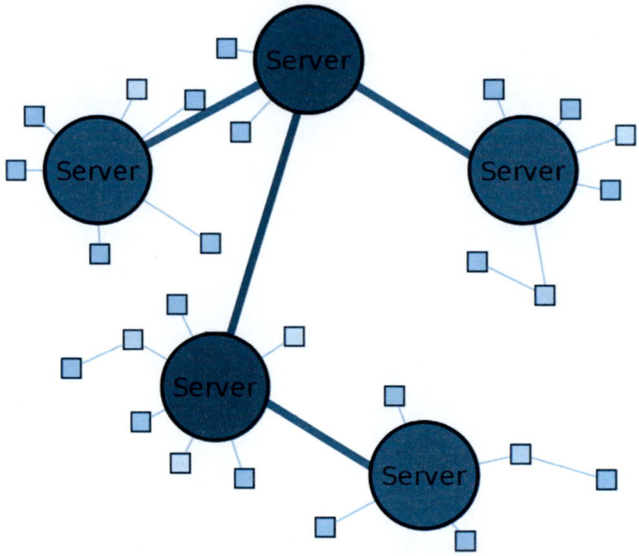

Struktur eines IRC-Netzwerks: Server und Kanäle

An den Haltestellen stehen kleinere Menschengruppen und unterhalten sich über verschiedene Themen. Diese Grüppchen werden als „Channels*" (eng. für „Kanäle") bezeichnet. Auf jedem IRC-Server kann es eine beliebige Zahl dieser Channels geben. Dabei kann jeder Nutzer eigene Channels erstellen.

Interessiert man sich für ein bestimmtes Thema (Channel), kann man sich einem oder auch mehreren entsprechenden Channels anschließen (den Channels beitreten), mitreden (chatten) oder einfach „zuhören". Die Nutzer in den „Channels" verwenden für gewöhnlich Nicknames* (eng. für Spitznamen) zur Identifizierung. Die Kommunikation im IRC verläuft im Grunde anonym. Es sei denn, man möchte seinem Gegenüber die eigene Identität preisgeben.

Findet man auf einem Server bzw. in einem Netzwerk (an einer Bushaltestelle) kein passendes Thema (Channel), so kann man entweder seinen eigenen Channel kreieren und warten, bis andere dazu stoßen, oder man „fährt" weiter (mit einer anderen Buslinie zu einer anderen Bushaltestelle (einem anderen IRC-Netzwerk)) und hofft, dort die passenden Gesprächspartner zu finden.

Der entscheidende Vorteil von IRC und der Grund für die ungebrochene Beliebtheit des Dienstes ist der schnelle Zugang zu einem weitreichenden Netzwerk von mehreren hunderttausend Menschen, die sich in Echtzeit über verschiedenste Themen austauschen. Durch die Segmentierung nach Themen kann ein geübter Nutzer bei Bedarf schnell qualifizierte Hilfestellung für eine konkrete Frage finden bzw. in unserem Fall Anschluss an interessante „Fachkreise".

4.5.2 Möglichkeiten der Personalsuche

Für diejenigen, die auf der Suche nach Personal und nicht nach Hilfestellungen in technischen Angelegenheiten sind, bietet eine Kommunikationsplattform wie IRC offensichtlich interessante Möglichkeiten, in Kontakt mit technisch versierten Personen zu treten. Z.B. verfügen einige deutsche Universitäten, u.a. die *TU München* und die *Uni Karlsruhe*, über eigene IRC-Server. Eine interessante und günstige Möglichkeit der Kontaktaufnahme mit zukünftigen Fachkräften abseits der Rekrutierungsmessen.

Vor einer Kontaktaufnahme können Sie sich zuerst anonym (abgesehen von der IP-Adresse* - die für andere Nutzer sichtbar ist) in den verschiedensten IRC-Netzwerken nach thematisch relevanten Channels umschauen. Suchen Sie bspw. einen System-Administrator für *Linux*-Netzwerke, ist es sinnvoll, sich ein IRC-Netzwerk auszusuchen, in dem Kanäle zum Thema *Linux* vorhanden sind. In den entsprechenden Channels sollten Sie der Unterhaltung der Teilnehmer folgen, um das fachliche Niveau des Channels einschätzen zu können. Haben Sie das Gefühl, im richtigen Channel gelandet zu sein, hängen Ihre weiteren Schritte von der Situation ab. Folgende Möglichkeiten bieten sich an:

1. Bei Bedarf an der Diskussion teilnehmen, ohne direkt die Absicht der Mitarbeiterwerbung zu thematisieren. So lassen sich mehr Hinweise auf die Fähigkeiten der Teilnehmer sammeln.

2. Die direkte Ansprache eines interessanten Teilnehmers, falls Sie bereits einen entdecken konnten. IRC bietet dafür die Möglichkeit einer Unterhaltung in separaten (privaten) Channels.

3. Die Äußerung der eigenen Absichten gegenüber allen Teilnehmern eines Channels in dem Bestreben, Hinweise auf Personen aus dem Umfeld der Teilnehmer zu erhalten.

Selbstverständlich kann man die Reaktionen der Angesprochenen nicht vorher sehen. Hier bestehen keine Unterschiede zur Ansprache am Telefon, per E-Mail oder in anderen Lebenssituationen. Grundsätzlich kann man jedoch darauf bauen, dass die Anonymität der IRC-Plattform zu größerer Offenheit seitens der Angesprochenen beitragen kann.

Bei der Ansprache sollten Sie unbedingt die Netiquette beachten. Sind Sie nett zu anderen, so sind die anderen nett zu Ihnen. Als Neuling sollten Sie sich zunächst eher zurückhaltend verhalten. Erst zuhören, dann mitreden.

4.5.3 Zugang und Kandidatenrecherche

Für die gezielte und effektive Nutzung von IRC ist es unbedingt notwendig, sich zunächst im Dschungel der IRC-Netzwerke und -Channels zurechtzufinden. Eine „Karte" potentiell interessanter Netzwerke bzw. eine Liste interessanter Channels in (möglichst) deutschsprachigen Netzwerken sind ein guter und unverzichtbarer Ausgangspunkt. Da der IRC-Dienst dezentral angeordnet ist und über einen dynamischen Aufbau verfügt, können theoretisch von heute auf morgen neben den älteren etablierten Netzwerken neue Server oder ganze IRC-Netzwerke aus mehreren Servern auftauchen. Dementsprechend sind die Informationen zu allen aktiven Netzwerken, Servern und Channels nicht an einem zentralen Ort zu finden. Stattdessen müssen Sie diese Informationen aus mehreren Einzelquellen „manuell" zusammensuchen. Es gibt allerdings mehrere auf das Thema IRC spezialisierte Info-Seiten und IRC-Suchmaschinen, die es sich zur Aufgabe gemacht haben, den Nutzern möglichst umfangreiche Datenbanken mit IRC-Netzwerken und -Channels zur Verfügung zu stellen. Mit Hilfe dieser Angebote können Sie die ersten Schritte vorbereiten. Wir stellen hier eine nützliche Auswahl vor:

Die allererste Anlaufstation für angehende IRC-Recruiter sollte die englischsprachige Seite **www.irchelp.org** sein. Auch die Seite **new2chat.com** ist empfehlenswert. Neben ausführlichen FAQ* und Tutorials* für IRC-Clients*, werden übersichtliche Netzwerk- und/oder Server-Listen geordnet nach Kriterien, wie Benutzerzahl, Region oder zum Teil nach Interessenbereichen, geboten. Auf der deutschsprachigen Seite **irc.pages.de** finden sich ebenfalls einige nützliche Anleitungen sowie Netzwerk- bzw. Serverlisten, in denen Sie u.a. die Adressen der IRC-Server der deutschen Universitäten finden.

```
irc.insat.com           Societe INSAT S.A.
irc.aimnet.com          Above and beyond...
ircnet.irc.aol.com      America Online
chat.btinternet.com     BT Internet Chat
irc.u-net.com           U-Net Internet IRCNet Server
ircnet.sprynet.com      SpryNet/CompuServe Rain Pow
irc.anet-chi.com        Illinois, Texas, Missouri

irc.felk.cvut.cz        Technical University of Prague, CVUT-FEL
irc.cis.vutbr.cz        IRC server of CIS FEI VUT Brno

Uni-Stuttgart.DE        Stuttgart University, FRG
GMD.DE                  GMD, Germany
netsurf.de              Internet Services, Germany
fu-berlin.de            Freie Universitaet Berlin
Uni-Erlangen.DE         The 'Berch'-Server
TU-Ilmenau.DE           Technical University of Ilmenau
uni-karlsruhe.de        University of Karlsruhe, Germany
Uni-Paderborn.DE        University of Paderborn
rwth-aachen.de          Aachen, Germany
TU-Muenchen.de          Muenchen, Germany

irc.dknet.dk            DKnet A/S, Copenhagen, Denmark
sunsite.auc.dk          SunSITE Denmark, Aalborg University
```

Einige IRC-Netzwerke

Wenn die knapp gehaltenen Listen Ihnen nicht (mehr) ausreichen, sollten Sie die IRC-Suchmaschinen heranziehen. Hiervon gibt es einige. Wir beschränken uns der Einfachheit halber auf die beiden ergiebigsten.

4.5.3.1 Suchmaschinen

searchirc.com

searchirc.com ist eine IRC-Suchmaschine, mit der Sie mehrere hunderttausend Channels (Channel-Beschreibungen) nach Stichpunkten durchsuchen können. Die Suche nach einem konkreten Stichwort oder Stichwortphrasen liefert eine Liste relevanter Channels. Jeder Eintrag enthält den Namen des Channels, das zugehörige Netzwerk, und teilweise eine Beschreibung bzw. aktuelles Gesprächsthema sowie Angaben zur jeweils aktuellen und durchschnittlichen Benutzerzahl. Haben Sie die passenden Channels gefunden, kann die Verbindung aufgebaut werden (s. unten IRC - Clients).

Die erweiterte Suche (engl. Advanced Search) bietet zusätzliche Optionen. Boolesche Operatoren* zur Konkretisierung Ihrer Suchanfrage, wie sie von Websuchmaschinen bekannt sind, wurden zum Zeitpunkt der Drucklegung nicht unterstützt.

Grundsätzlich müssen Sie sich darauf einstellen, einige Channels zu testen, bevor Sie DEN Richtigen finden. Das liegt an teils mangelhaften und teils fehlenden Beschreibungen. Hier gilt das „Trial and Error" -Prinzip.

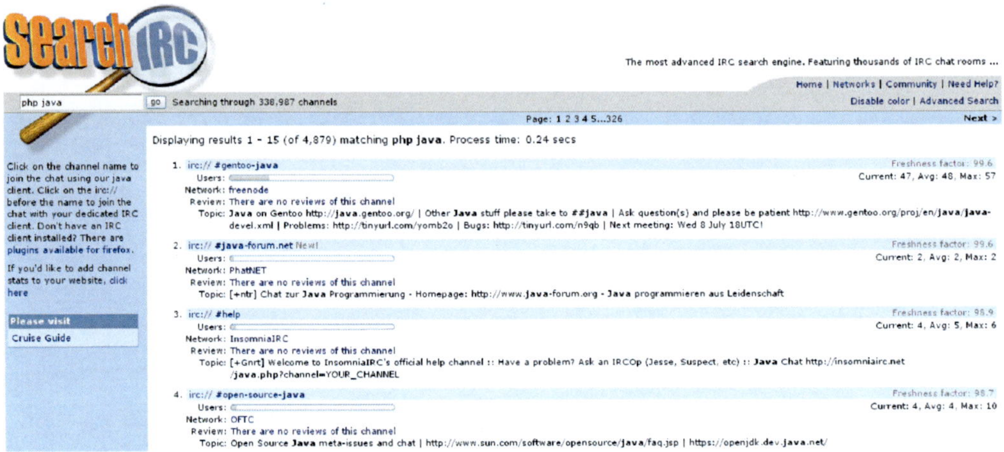

searchirc.com - Beispieleingabe und Auszug aus der Trefferliste

Ergänzend zur einfachen und erweiterten Suche bietet Ihnen die Seite einen Katalog, in dem einige hundert ausgewählte Channels, nach Themen sortiert und mit Beschreibungen versehen, aufgelistet sind. Hier können Sie sich zu den interessanten Channels durchklicken.

irc.netsplit.de

irc.netsplit.de ist eine weitere starke und umfassende IRC-Suchmaschine, die neben der reinen Suche einige interessante Zusätze, wie Netzwerk- und Server-Listen, sowie statistische Auswertungen (z.B. Top-100) zur Verfügung stellt. Die Channel-Suche „versteckt" sich unter der Maske* „Channels" (http://irc.netsplit.de/channels/) und funktioniert ähnlich wie bei searchirc.com. Die Einträge in der Ergebnisliste liefern die gleichen Angaben zu den Channels (Name, Netzwerk, Beschreibung, Benutzer). Im Gegensatz zu searchirc.com verfügt **irc.netsplit.de** jedoch über eine deutsche Benutzeroberfläche.

irc.netsplit.de - Beispieleingabe und Auszug aus der Trefferliste

4.5.3.2 IRC - Clients

Haben Sie sich für ein(en) IRC-Netzwerk, -Server oder -Channel entschieden, können Sie eine Verbindung aufnehmen. Dies erfolgt mit Hilfe eines IRC-Clients* (eine Art Browser* für den IRC-Dienst). Inzwischen gibt es eine ganze Reihe verschiedener Clients [http://en.wikipedia.org/wiki/Comparison_of_Internet_Relay_Chat_clients]. Jeden einzelnen zu erwähnen und zu erläutern, würde den Rahmen sprengen. Wissenswert ist die Tatsache, dass man grundsätzlich zwei Möglichkeiten hat. Es gibt plattformabhängige (installierbare) Clients (z.B. mIRC oder ChatZilla) und plattformunabhängige (nicht installierbare), web-basierte Clients, die mit einem einfachen Internet-Browser* bedient werden [z.B. www.web-irc.org]. Wie sooft haben beide Arten ihre Vor- und Nachteile. Die web-basierten Clients sind jederzeit und überall verfügbar, bieten aber deutlich weniger Funktionen als die nicht web-basierten. Web-basierte Clients sind teilweise leichter zu handhaben und erfordern oft keine Kenntnis der Standardbefehle. Wir selbst bevorzugen jedoch einen klassischen, nicht web-basierten Client, der mit Hilfe von Befehlen bedient wird. So erschließt sich bei Bedarf der volle Funktionsumfang von IRC.

Verbindung

Wir kehren zurück zu den oben beschriebenen IRC-Suchmaschinen und zu den Ergebnislisten. Bei beiden Suchmaschinen gehören zu dem Sucheintrag neben den Channel-Infos jeweils zwei Links, die angeklickt werden können. Bei **searchirc.com** sehen diese so aus: *irc:// #xyz*; bei **irc.netsplit.de** so: *Webchat IRC*.

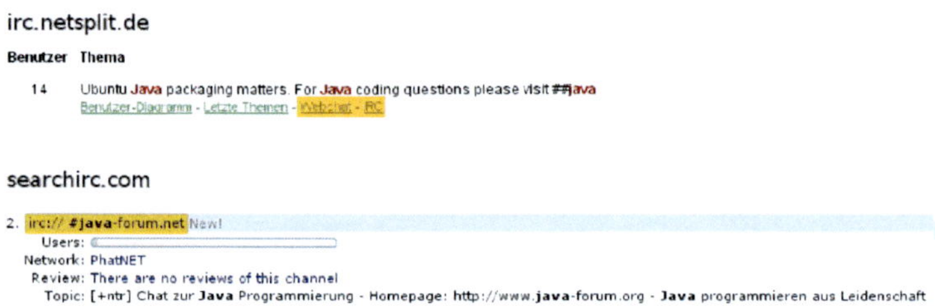

Aufbau der Ergebnisse bei irc.netsplit.de und searchirc.com

Ist auf Ihrem Rechner ein IRC-Client installiert, führt ein Klick auf den Link *irc://* bzw. *IRC* zum automatischen Start des Clients und zur Verbindung mit dem gewünschten Channel. Haben Sie keinen IRC-Client auf Ihrem System, führt ein Klick auf den Link *#xyz* bzw. *Webchat* zum Start eines Webclients, mit dessen Hilfe nach der Eingabe eines „Nicknames" ebenfalls eine Verbindung zum gewünschten Channel aufgebaut wird. Sie sind nun in einem IRC-Channel und können mit der Kommunikation beginnen.

Anhand des ChatZilla-Clients (läuft unter *Windows*, *Mac* und *Linux*) soll nun die manuelle Herstellung einer Verbindung erläutert werden. Nach dem Start der ChatZilla-Clients haben Sie die Möglichkeit, Befehle in die Befehlszeile einzugeben. Um eine Verbindung herzustellen, benötigen Sie zunächst die Adresse des Channels, dem Sie beitreten möchten. Diese erhalten sie, indem Sie in den Suchergebnissen der IRC-Suchmaschinen auf den Link *irc://* bzw. *IRC* mit der rechten Maustaste klicken und die Option „Link-Adresse" (Firefox) bzw. „Verknüpfung kopieren" (IE) auswählen. Sie kehren nun zurück in die Befehlszeile des ChatZilla-Clients, tippen den Befehl **/attach** ein und drücken anschließend die Tasten-Kombination „Strg+V". Das Ergebnis sollte wie folgt aussehen: **/attach irc://irc.insiderz.de/xyz.**

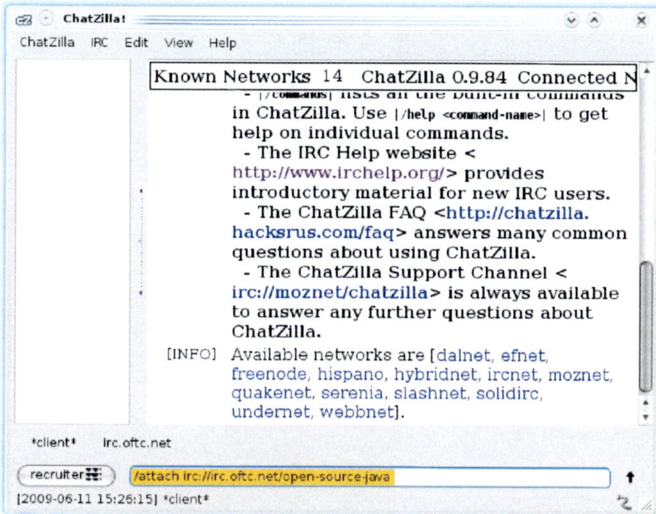

ChatZilla IRC-Client - manuelles Einloggen

Nach dem Betätigen der Eingabetaste erfolgt die Verbindung zum Channel. Nach erfolgreicher Verbindung können Sie am „Geschehen", je nach Wunsch aktiv oder passiv, teilnehmen.

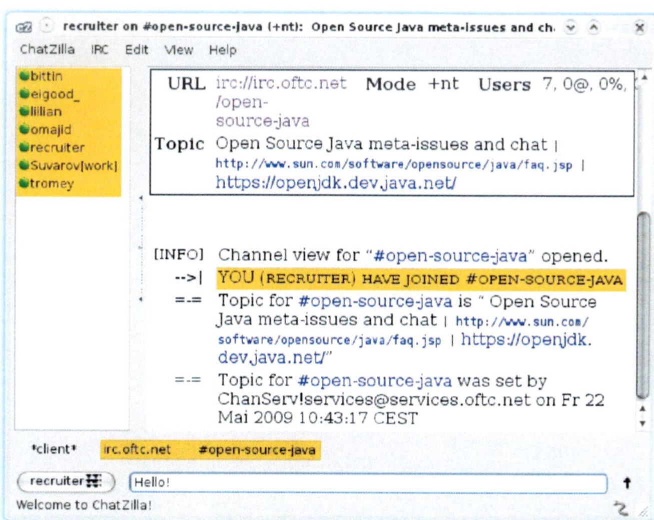

ChatZilla IRC-Client - Teilnehmerliste eines Kanals nach dem Einloggen

Hinweis: Bitte beachten Sie, dass andere IRC-Clients abweichende Verfahren (Befehle) zur Verbindungsherstellung anbieten können. Hier empfiehlt sich ein Blick in die „Hilfe"-Unterlagen. Eine Liste aller gängigen IRC-Befehle finden Sie hier:

http://en.wikipedia.org/wiki/List_of_IRC_commands

5 Web 2.0

5.1 Einführung

5.1.1 Was ist Web 2.0?

Web 2.0 ist interaktiv.

Web 2.0 ist das „Mitmach-Web".

Im „Mitmach-Web" leben Millionen von Menschen mit Hilfe von benutzerfreundlichen Software-Anwendungen Ihre Kommunikations-, Kreativitäts- und Schaffensbedürfnisse aus.

Web 2.0 wird von den Engagierten und Aktiven gestaltet, von den Nachdenklichen und den Kommunikationsfreudigen (Enthusiasten), kurzum von Menschen mit genau der Leidenschaft und Einsatzbereitschaft, die man sucht, wenn man Führungspositionen und Spezialisten-Stellen in einem Unternehmen besetzen will.

Die Art der Beteiligung folgt der 1:9:90 -Regel. Diese Regel besagt, das von allen Web-Nutzern lediglich ein Prozent neuen, originären Content* schaffen (Die Erfinder), neun Prozent diesen Content diskutieren, kommentieren und verbreiten (Die Multiplikatoren/Verkäufer), während neunzig Prozent in der passiven Rolle der Lesenden verharren (Die Beobachter).

Und trotz des unterschiedlichen Grades an persönlicher Involviertheit können Sie mit allen von Ihnen in Kontakt treten.

5.1.2 Was bietet Web 2.0 für die Personalsuche?

Die besondere Verlockung des Webs der zweiten Generation für die Personalsuche besteht in Millionen von personenbezogenen Datens(ch)ätzen, die Webnutzer im Rahmen ihrer ständigen Interaktion im Web hinterlassen. Im Web 2.0, und dort insbesondere in sozialen Netzwerken, befinden sich mehr personenbezogene Datensätze als je eine Datenbank zuvor umfasst hat. Diese Daten gilt es durch aktive Online-Personalsuche zu heben (Data Mining).

Der große Vorteil des Web 2.0, seine Datenmeng, ist jedoch gleichzeitig sein größter Nachteil. Während die Online-Personalsuche noch vor fünf Jahren analog zu der sprichwörtlichen Suche nach der Nadel im Heuhaufen verlief, gleicht sie heute einem Sprung in den Ozean auf der Suche nach einem bestimmten Tropfen Wasser.

Die wahre Herausforderung besteht nicht im Finden von (irgendwelchen) Daten sondern im gezielten und systematischen Extrahieren bestimmter Daten (zu einem bestimmten Zeitpunkt), und darin, sich während der Suche nicht in den Weiten und Abzweigungen des Web 2.0 zu verlieren. Dieses Extrahieren personenbezogener Datensätze lernt nur, wer bereit ist, sich intensiv mit den zahlreichen, verschiedensten Zwecken dienenden und sich ständig wandelnden Webanwendungen* auseinanderzusetzen. Dieses Kapitel möge Ihnen dabei als Karte für Ihre ganz persönliche Expedition dienen.

5.2 XING [www.xing.com]

5.2.1. Einführung

XING ist in Deutschland wohl das bekannteste Beispiel für ein soziales Online-Netzwerk. *XING* dient in erster Linie dem Kontaktmanagement und zwar vorwiegend im beruflichen bzw. geschäftlichen Bereich. Das Netzwerk ist branchen- und länderübergreifend ausgelegt, wobei der Großteil der Nutzer aus Deutschland stammt. Zur Zeit sind es weit mehr als sieben Millionen Berufstätige, Geschäfts- und Privatleute, die *XING* zur Verwaltung und

Erweiterung des eigenen Kontaktnetzwerks sowie für die Suche nach neuen Aufträgen, Informationen, Ideen, Kunden, Jobs und Mitarbeitern nutzen. *XING* ist eine schnell wachsende Plattform mit vielfältigen praktischen Funktionen und Diensten, die kontinuierlich erweitert und verbessert werden.

5.2.2 Möglichkeiten der Personalsuche

Für die Personalsuche bietet XING mehrere interessante Optionen:

Als registriertes Premium-Mitglied (mit ca. sechs Euro monatlich sind die Kosten überschaubar) haben Sie uneingeschränkten Zugang zu allen Nutzerprofilen im *XING*-Netzwerk. Die Nutzerprofile enthalten ausführliche Informationen zu Ausbildung, Werdegang, Erfahrungen, Interessen und ähnlichen kennzeichnenden Merkmalen der jeweiligen Person. Seit Juli 2009 haben Nutzer ferner die Möglichkeit Ihr Profil mit bis zu drei Dokumenten (z.B. Lebensläufe oder Arbeitsproben) anzureichern.

Diese Nutzerprofile können Sie mit Hilfe unterschiedlicher Suchmethoden durchsuchen. Sie können bei *XING* folglich gezielt nach Personen suchen, die z.B. eine bestimmte Position inne haben, bei einem bestimmten Unternehmen arbeiten, oder über Expertenwissen in den für Sie interessanten Bereichen verfügen, und anschließend mit diesen Personen in Kontakt treten. Nutzer können individuell bestimmen, welche ihrer Kontaktdaten für andere sichtbar sind, insbesondere persönliche Kontaktdaten wie Email und Mobiltelefon können daher erst nach einer persönlichen Kontaktanfrage und der entsprechenden Kontaktbestätigung eingesehen werden.

Spannende Möglichkeiten können sich ergeben, wenn die persönlichen Kontakte der gefundenen Personen offen liegen (manche Nutzer legen Wert darauf, diese zu verdecken). So können Sie sich in den Kontakten eines Nutzers umschauen und sich ein erstes Bild über dessen Umfeld machen oder aber auf ganz neue interessante Menschen aufmerksam werden. Seien Sie sich dabei jedoch darüber bewusst, dass Profil-Zugriffe, die innerhalb des Netzwerks erfolgen, von den Nutzern in der Rubrik *„Mein Profil"* eingesehen werden können.

Eine weitere Möglichkeit, Ihre Personalsuche mit Hilfe von *XING* voranzutreiben, besteht in der Nutzung des *XING*-Dienstes *„Gruppen"*. Hinter diesem Begriff verbergen sich Interessengemeinschaften, die von Nutzern selbst gegründet, moderiert und mit Inhalten versorgt werden. Der zentrale Bestandteil einer Gruppe sind Diskussionsforen, in denen sich Nutzer austauschen, und die in ihrer Funktionsweise mit den herkömmlichen Webforen vergleichbar sind (vgl. Kap. 4.3).

Haben Sie ein interessantes Profil entdeckt, können Sie nun prüfen, ob die Person in fachorientierten Foren durch Beiträge in Erscheinung getreten ist. Ist das der Fall, kann die Analyse der Beiträge zur Einschätzung beitragen. Gruppen-Mitgliedschaften werden bei *XING* standardmäßig in den Nutzerprofilen angezeigt.

Umgekehrt können Sie innerhalb einer berufsbezogenen Gruppe in den Diskussionsbeiträgen nach qualifizierten Personen Ausschau halten bzw. mit Menschen in Kontakt treten, die wohlmöglich Verbindungen zu einem für Sie interessanten Personenkreis pflegen. Die Diskussionsforen bzw. einzelne Artikel können nach Stichpunkten durchsucht werden. (Bitte beachten Sie, dass einige Gruppen Zugangsbeschränkungen haben, so dass Sie sich erst für eine Mitgliedschaft bewerben müssen, bevor Sie nach der Annahme Ihres „Mitgliedsantrages" die Gruppeninhalte durchsuchen können).

Zu guter Letzt haben Sie die Option, mit eigenen Beiträgen (z.B. auch mit einer Stellenanzeige oder einem formlosen Hinweis auf eine Vakanz) an relevanten Foren bzw. Diskussionen teilzunehmen.

Falls diese Optionen nicht ausreichen sollten, steht Ihnen für Ihre Personalsuche der *XING*-Dienst *„Jobs"* zur Verfügung. Dieser Dienst ist kostenpflichtig und ermöglicht Ihnen die Schaltung von Stellenanzeigen, ähnlich einem Onlinestellenmarkt.

5.2.3 Die praktische Kandidatenrecherche

5.2.3.1 Externe Kandidatenrecherche

Die schnellste Weg, sich ein Bild von den bei *XING* vorhandenen Profilen zu machen, ist die Suche über eine externe Suchmaschine (z.B. *Google*). Ein beachtlicher Teil (ca. 50 %) von *XING*-Profilen ist öffentlich zugänglich und wird daher von Suchmaschinen indiziert. Ein Vorteil dabei ist, dass Sie bei der externen Suche nicht bei *XING* registriert oder eingeloggt sein müssen.

Anwendungsbeispiel

Suchziel: Sie suchen einen UNIX Systemadministrator in Hamburg.

Eingabe: site:xing.com inurl:profile intext:Systemadministrator AND UNIX AND Hamburg

Ausgabe: *XING*-Profile, die die Worte *„Systemadministrator"*, *„UNIX"* und *„Hamburg"* enthalten

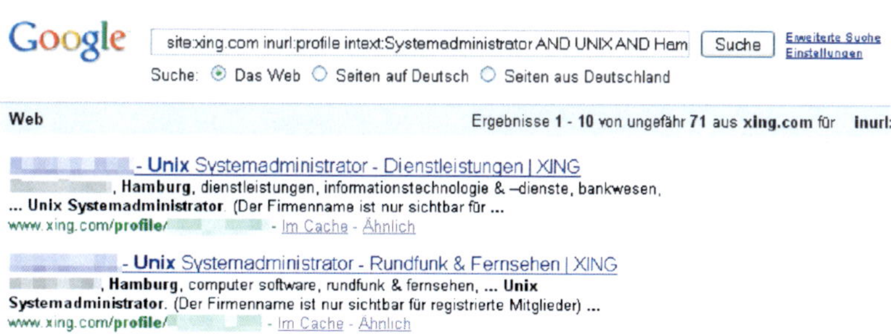

XING - Google Web-Suche - Beispieleingabe und Auszug aus der Trefferliste

Als Ergebnis erhalten Sie eine übersichtliche Liste mit ca. 70 öffentlich zugänglichen *XING*-Profilen von Personen, die etwas mit UNIX-Systemadministration zu tun haben und sich wahrscheinlich in Hamburg aufhalten. Wenn Sie kein *XING*-Mitglied sind, haben Sie nun leider keine direkte Möglichkeit zur Kontaktaufnahme (um Nachrichten an die anderen

Nutzer zu verschicken, muss man sich bei *XING* einloggen), und keinen Zugriff auf die direkten Kontakte der gefundenen Person. Sie erhalten jedoch den Namen, den beruflichen Werdegang, der in den meisten Fällen ausführlich genug ist, um eine erste Einschätzung vornehmen zu können, und die Liste mit den Gruppenmitgliedschaften des *XING*-Nutzers. Mit ein wenig Geschick sollten Sie keine Probleme haben, mit Hilfe der Web- und Personensuchmaschinen (vgl. Kap. 4.1.8.1) oder des Telefonbuchs Kontaktdaten des potentiellen Kandidaten zu finden.

Weiterhin ist es möglich über eine exakt formulierte *Google*-Suche zu prüfen, ob der soeben gefundene interessante Nutzer in Gruppen, in denen er Mitglied ist, aktiv an professionellen Diskussionen teilnimmt. Denn neben vielen Nutzerprofilen werden auch die meisten Gruppen bzw. Diskussionsforen der *XING*-Plattform von externen Suchmaschinen indiziert.

Anwendungsbeispiel

Suchziel: Sie haben ein interessantes Profil von *Alexander Fedossov* entdeckt und möchten herausfinden, ob *Alexander Fedossov* sich zu Themen rund um seinen Beruf in *XING*-Foren äußert.

Eingabe: site:xing.com inurl:forum intext:"Alexander Fedossov"

Eingabe-Variante: "Alexander Fedossov" site:xing.com inurl:forum

Ausgabe: Liste mit Gruppenbeiträgen bzw. Artikeln der gesuchten Person

Sollte Ihre Zielperson tatsächlich in den *XING*-Foren in Erscheinung getreten sein, erhalten Sie nun eine Ergebnisliste mit den entsprechenden Gruppen bzw. Links zu den Artikeln. Diese Artikel können Sie nach relevanten Hinweisen durchsuchen. Auch hierfür ist eine Anmeldung bei *XING* nicht erforderlich.

Selbstverständlich können Sie *XING*-Gruppen und -Foren auf diese Weise nicht nur nach konkreten Namen, sondern nach beliebigen Stichpunkten bzw. Wortkombinationen durchsuchen. Dieses Vorgehen kommt durchaus in Frage, wenn Sie zunächst einen bestimmten Personenkreis ausfindig machen möchten, um dann erst nach den Vertretern mit der besten Qualifikation innerhalb des Kreises zu suchen.

Anwendungsbeispiel

Suchziel: Sie möchten eine Gruppe mit dem Themenschwerpunkt *„Maschinenbau"* finden.

Eingabe: site:xing.com inurl:net intext:maschinenbau

Eingabe-Variante: **maschinenbau site:xing.com inurl:net**

Ausgabe: Liste aller Gruppen zum Thema *„Maschinenbau"*

Klicken Sie sich durch die Ergebnisse, lesen Sie die Beschreibungen der Gruppen und überlegen Sie, ob etwas Interessantes dabei ist und sich eine genauere Recherche innerhalb der Gruppe tatsächlich lohnt. Ist das der Fall, können Sie anschließend gezielt die Artikel innerhalb der Gruppe durchsuchen.

Anwendungsbeispiel

Sie haben sich für die Gruppe *„Maschinenbau"* entschieden und wollen diese gezielt nach Artikeln zum Thema *„Verfahrenstechnik"* durchsuchen. Achten Sie bitte zunächst auf den Seitentitel der Gruppe. Dieser wird im blauen Außenrahmen Ihres Browser*-Fensters angezeigt:

Der Gruppentitel kommt nach *„XING* - Gruppen - Alle Gruppen - ". In diesem Fall: „XING - Gruppen - Alle - Gruppen - Maschinenbau". Daraus entsteht die folgende Suchkette für die Artikel-Suche innerhalb der Gruppe *„Maschinenbau"*:

Eingabe: site:xing.com inurl:forum intitle:Maschinenbau intext:Verfahrenstechnik

Eingabe-Variante: Verfahrenstechnik site:xing.com inurl:forum intitle:Maschinenbau

Ausgabe: Liste mit Beiträgen zum Thema *„Verfahrenstechnik"* innerhalb der Gruppe *„Maschinenbau"*

Die Ergebnisliste besteht aus Verweisen zu allen Unterseiten mit Bezug auf Verfahrenstechnik innerhalb der *XING*-Gruppe *„Maschinenbau"*. Da es sich bei den Unterseiten jedoch nicht ausschließlich um konkrete Diskussionsstränge (threads*) handelt, sondern teilweise auch um für die Personalsuche irrelevante Übersichtsseiten zu den im Forum enthaltenen Diskussionen, lohnt es sich die Suche durch die Hinzunahme der Wortkombination *„Article thread"* weiter zu präzisieren:

Eingabe: site:xing.com inurl:forum intitle:(Maschinenbau AND "Article thread") intext:Verfahrenstechnik

Ausgabe: Um Übersichtsseiten bereinigte Liste mit Beiträgen zum Thema *„Verfahrenstechnik"* innerhalb der Gruppe *„Maschinenbau"*

Wenn Ihnen der Weg über die einzelnen Gruppen zu langwierig ist und Sie in allen *XING*-Gruppen nach Artikeln mit einem bestimmten Bezug suchen möchten, weil Sie z.B. sicher sind, dass es sich um ein Nischenthema handelt und Sie selbst im bestmöglichen Fall nur mit wenigen Ergebnissen zu rechnen haben, können Sie auf die *intitle:*-Einschränkung verzichten bzw. auf *intitle:(„Article thread")* zusammenkürzen. Sie erhalten so mehr Ergebnisse (zum Testzeitpunkt: 95 statt 5), deren Relevanz i.d.R. allerdings durchwachsen sein wird. Letztendlich kommt es bei der Entscheidung zwischen einer allgemeiner oder präziser gefassten Suchstrategie auf den konkreten Fall an.

Anwendungsbeispiel

Suchziel: Sie durchsuchen alle *XING*-Gruppen nach Artikeln zum Thema *„Systemadministration"*.

Eingabe: site:xing.com inurl:forum intext:Systemadministration

Eingabe-Variante: Systemadministration site:xing.com inurl:forum

Ausgabe: Artikel, die das Wort „*Systemadministration*" enthalten

Für die Beispielsuchkette erhielt die Trefferliste zum Testzeitpunkt ca. 900 Verweise auf Artikel, die den Suchbegriff „*Systemadministration*" enthielten, für die Variante sogar mehr als 1.200 Treffer. Das sind natürlich zu viele. Eine Analyse aller Artikel würde zu viel Zeit kosten. An dieser Stelle können Sie sich die Flexibilität der *Google*-Suche zunutze machen und die Ergebnisse durch die Hinzunahme eines weiteren Suchbegriffs effektiv einschränken.

Anwendungsbeispiel

Suchziel: Sie suchen nach Artikeln mit Bezug zu Systemadministration unter UNIX

Eingabe: site:xing.com inurl:forum intext:(Systemadministration AND UNIX)

Eingabe-Variante: Systemadministration AND UNIX site:xing.com inurl:forum

Ausgabe: Artikel, die die Worte „*Systemadministration*" und „*UNIX*" enthalten

Die durch die Einschränkung auf ca. 250 Ergebnisse reduzierte Trefferliste erscheint Ihnen immer noch zu lang. Sie stellen außerdem fest, dass es sich bei vielen Artikeln aus der Ergebnisliste um Stellenangebote handelt. Fremde Stellenangebote sind für Sie natürlich irrelevant. Sie suchen ausschließlich Artikel mit Bezug auf Systemadministration unter UNIX. Eine weitere, etwas kompliziertere, Einschränkung führt zu einer sehr überschaubaren Liste mit ca. 15 Artikeln, deren Großteil sich tatsächlich mit dem eigentlichen Thema beschäftigen:

Eingabe: site:xing.com inurl:forum intext:(Systemadministration AND UNIX) -gesucht -"wir suchen" -Stellenangebot -freelance -job -bewerbung

Ausgabe: Artikel, die die Worte „*Systemadministration*" und „*UNIX*" enthalten, jedoch nicht die Worte „*gesucht*", „*wir suchen*", „*Stellenangebot*", „*Job*" und „*Bewerbung*"

Insgesamt ist das Durchsuchen von *XING*-Gruppen mit einer externen Suchmaschine eine äußerst praktische Angelegenheit. Zum einen können nach unserer Erfahrung fast alle relevanten Foren durchsucht werden, ohne Mitglied bei *XING* sein zu müssen. Zum anderen ist die externe Suche wesentlich flexibler und stärker als die interne *XING*-Gruppen Suche (zu dieser später mehr). Die Verwendung von Operatoren, wie „-", „+", „AND", „OR" usw., ermöglicht eine sehr effektive Suche. Diese Vorteile gelten im Grunde auch für die Suche nach *XING*-Profilen. Allerdings müssen Sie berücksichtigen, dass lediglich ca. 50 % der *XING*-Profile extern zugänglich sind. Beschränken Sie Ihre Profilsuche ausschließlich auf die externen Suchoptionen, laufen Sie Gefahr, viele relevante Profile erst gar nicht zu entdecken.

5.2.3.2 Interne Kandidatenrecherche

Nachdem Sie die externe Kandidatenrecherche kennen gelernt haben, wenden wir uns nun der internen Kandidatenrecherche zu.

Die XING-Stichwortsuche

Als registrierter *XING* (Premium-) Nutzer haben Sie die Option, die interne *XING*-Suche zu benutzen. Für eine schnelle und einfache Stichwortsuche in den Nutzerprofilen bietet sich das Suchfeld in der oberen rechten Ecke der *XING*-Benutzeroberfläche an.

XING - einfache Stichwortsuche

Dieses Feld ermöglicht die Suche nach einzelnen Stichworten, konkreten Suchphrasen* aus mehreren Stichworten (Bsp.: „mehrere Stichworte"), UND-Kombinationen, also Kombination aus mehreren Stichworten ungeachtet ihrer Reihenfolge, ODER-Kombinationen, bei denen mindestens ein Stichwort der Suche in den Ergebnissen vorkommen soll, sowie Ausschlusskombinationen, bei denen die Anzeige bestimmter Ergebnisse von vorneherein ausgeschlossen werden sollen - (Bsp.: Stichwort1 -Stichwort2).

Eingabe:	**Sucht nach Profilen, die...:**
Maschinenbau	das Stichwort „*Maschinenbau*" enthalten
Maschinenbau AND Baumaschinen	die Stichwörter „*Maschinenbau*" und „*Baumaschinen*" enthalten
Maschinenbau Baumaschinen	die Stichwörter „*Maschinenbau*" und „*Baumaschinen*" enthalten
"Online-Personalsuche ist fortschrittlich"	die die exakte Phrase „*Online-Personalsuche ist fortschrittlich*" enthalten
Maschinenbau OR Anlagenbau OR Verfahrenstechnik	die mindestens einen der Begriffe enthalten
Maschinenbau -Baumaschinen	die „*Maschinenbau*" jedoch nicht „*Baumaschinen*" enthalten

XING - Beispieleingaben und erwartete Ergebnisse

Die Stichwortsuche bei *XING* bietet Ihnen mehrere Varianten zur Suche einer Person (Name, Firma, Beruf, Interessen ...). Dabei gibt es keine Einschränkung auf bestimmte Bereiche, sie liefert Ihnen Übereinstimmungen aus allen Themenbereichen eines Nutzerprofils. Wenn Sie nicht nach einem konkreten oder einem seltenen Namen suchen, werden Sie ungenaue Ergebnisse erhalten.

Zur Veranschaulichung betrachten wir ein etwas übertriebenes Beispiel. Geben Sie das Stichwort „*System*" in das Suchfeld ein. Als Ergebnis erhalten Sie Profile von Personen, die bei Firmen beschäftigt sind oder waren, deren Name den Begriff „*System*" enthalten (Systemservice, Systemintegration usw.). Hinzu kommen außerdem Systemadministratoren, Systemanalytiker, Systementwickler und Menschen, die in Ihrer Freizeit Roulette nach einem System spielen. Mit anderen Worten: Sie erhalten ein unpräzises und daher wenig zielführendes Ergebnis.

Der Weg zu einer effektiveren Nutzung der Stichwortsuche liegt in ausgeklügelten Kombinationen aus mehreren Stichpunkten unter Anwendung der in der obigen Tabelle dargelegten Suchoperatoren (AND, "", OR, -), sowie des von der *Google*-Suche bekannten

Platzhalter-Operators „*", welcher jedoch nur bei der erweiterten Suche funktioniert. Nach unseren Erfahrungen funktioniert die kombinierte Suche mit der *XING*-Stichpunktsuche nur mit gewissen Einschränkungen. Am besten funktionieren Kombinationen mit maximal zwei Operatoren. Eindeutig zuverlässige Ergebnisse konnten auch nach mehreren Versuchen nicht erzielt werden. Wir führen jedoch zur Verdeutlichung einige Beispiele an, die im Rahmen unserer Testreihen funktioniert haben.

Anwendungsbeispiel 1

Suchziel: Sie suchen einen Projektleiter aus Hamburg mit Erfahrung in Tragwerksplanung.

Eingabe (*XING*-Stichwortsuche): Projektleiter Tragwerksplanung Hamburg

Ausgabe: Bis zu 300 Nutzerprofile, die die Stichworte *„Projektleiter"*, *„Tragwerksplanung"* und *„Hamburg"* enthalten

Anwendungsbeispiel 2

Suchziel: Sie suchen einen Projektleiter Tragwerksplanung, der NICHT Inhaber oder Geschäftsführer einer Firma ist.

Eingabe (*XING*-Stichpunktsuche): "Projektleiter Tragwerksplanung" -Inhaber -Geschäftsführer

Ausgabe: Bis zu 300 Nutzerprofile, die die Stichworte *„Projektleiter"* und *„Tragwerksplanung"* jedoch nicht *„Inhaber"* und *„Geschäftsführer"* enthalten.

Anwendungsbeispiel 3

Suchziel: Sie suchen einen Tragwerksplaner oder Statiker, der NICHT Projektleiter, Inhaber oder Geschäftsführer einer Firma ist.

Eingabe (*XING*-Stichpunktsuche): Tragwerksplaner OR Statiker -Projektleiter -Inhaber -Geschäftsführer

Ausgabe: Bis zu 300 Nutzerprofile, die die Stichworte *„Tragwerksplaner"* und *„Statiker"* jedoch nicht *„Projektleiter"*, *„Inhaber"* und *„Geschäftsführer"* enthalten.

HINWEIS: Bitte beachten Sie bei Ihren Experimenten, dass die Ausschlussoperatoren „-" stets am Ende einer Suchkette stehen sollten.

Alles in allem ist die *XING*-Stichwortsuche zu umständlich und zu ungenau. Für komplizierte Suchvorgänge und genauere Ergebnisse sollten Sie daher die *„erweiterte Suche"* einsetzen.

Die erweiterte XING-Suche

Die *„erweiterte Suche"* bietet Ihnen wesentlich mehr Optionen zur Präzisierung Ihrer Suchanfrage. Der folgende Screenshot hilft Ihnen, sich einen ersten Überblick zu verschaffen:

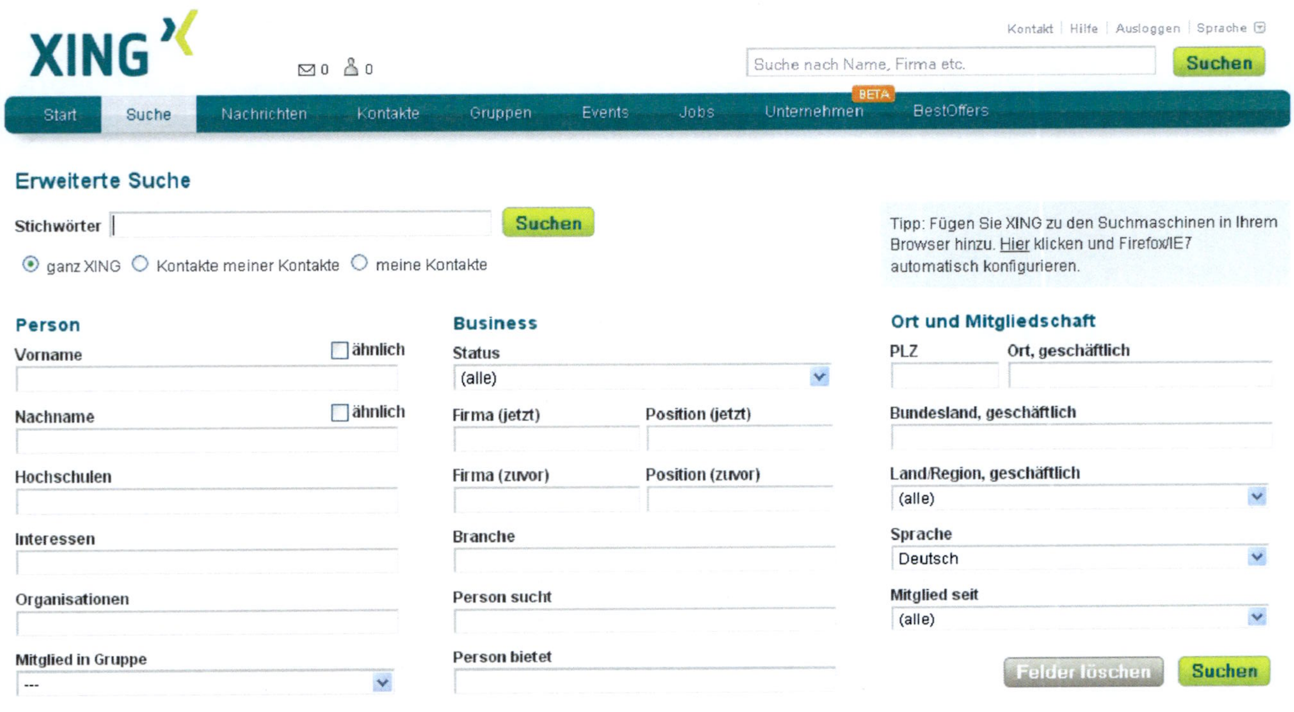

XING - erweiterte Suche

Ganz oben in der Maske* der erweiterten Suche steht Ihnen das bereits bekannte Stichwortsuchfeld zur Verfügung, allerdings mit der zusätzlichen Möglichkeit der Einschränkung der Suche auf Ihre Kontakte und die Kontakte Ihrer Kontakte. Diese Einschränkung macht i.d.R. nur dann Sinn, wenn Sie bereits über sehr viele Kontakte verfügen und bei Ihrer Mitarbeiterwahl ausschließlich auf die Kontakte aus dem erweiterten Bekanntenkreis zugreifen möchten. Ansonsten ist die Maske der erweiterten Suche übersichtlich in die drei Bereiche *„Person"*, *„Business"* sowie *„Ort und Mitgliedschaften"* unterteilt und ermöglicht Ihnen die Einschränkung Ihrer Suche auf die jeweils relevanten Kriterien. Suchen Sie beispielsweise nach einem Systemadministrator (Beruf) und wollen vermeiden, dass die Suchergebnisse irrelevante Informationen, wie z.B. Firmen, Interessen oder zeitlich zurückliegende Erfahrungen enthalten, setzen Sie das Stichwort *„Systemadministrator"* in das Suchfeld *„Position (jetzt) "* und/oder *„Person bietet"* ein und testen Sie, was passiert. Durch eine schrittweise Hinzunahme weiterer Suchfelder können Sie die Suche bei Bedarf weiter präzisieren.

Anwendungsbeispiel

Suchziel: Sie suchen jemanden, der in Hamburg studiert hat und mittlerweile in Hamburg als Systemadministrator arbeitet.

Feld ***Hochschulen***: *Hamburg*
Feld ***Position (jetzt)***: *Systemadministrator*
Feld ***Ort***: *Hamburg*

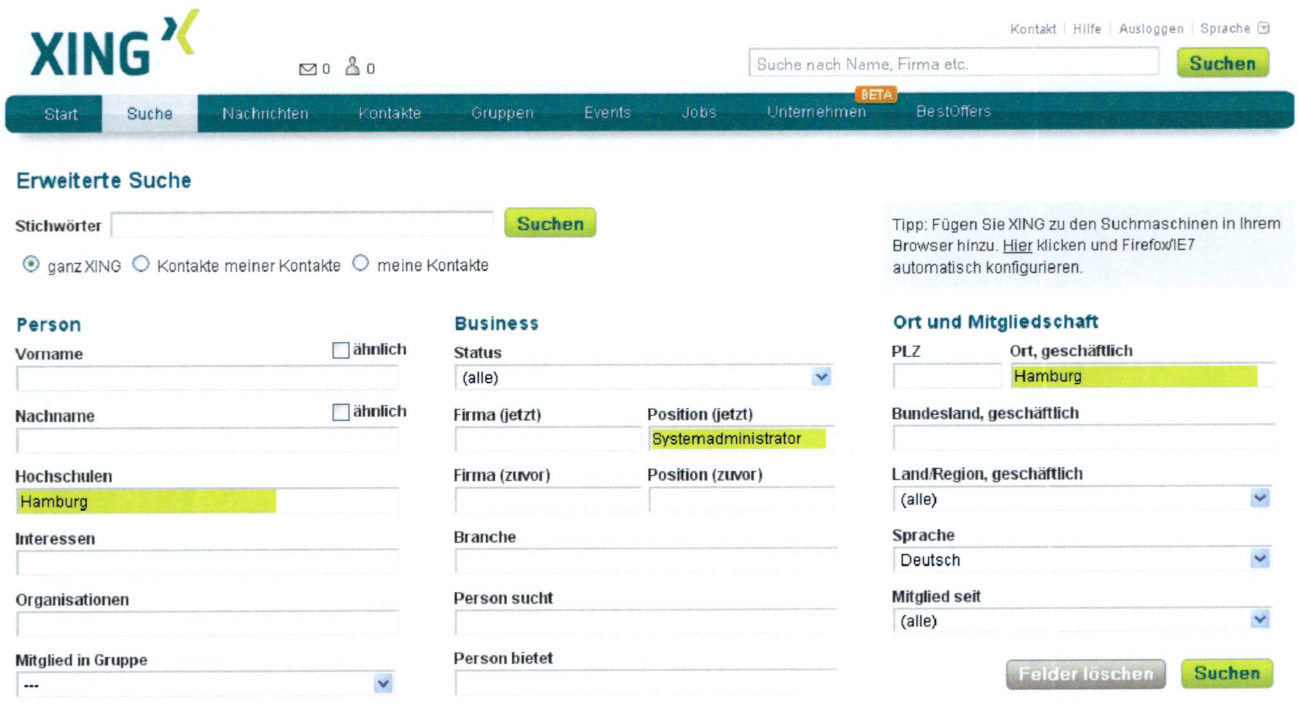

XING - erweiterte Suche mit Beispieleingabe

Selbstverständlich können in den Suchfeldern der erweiterten Suche auch Suchoperatoren verwendet werden. Im Gegensatz zu der einfachen Stichpunktsuche scheint der Einsatz des Platzhalter-Operators „*", aber auch von anderen Operatoren, in den Suchfeldern der erweiterten Suche effektiver zu funktionieren.

Anwendungsbeispiel

Suchziel: Sie suchen Personen, deren Berufe das Wort System enthalten, und die in Hamburg oder Berlin leben, jedoch auf keinen Fall Systemadministratoren sind.

Feld **Position (jetzt):** *System* -Systemadministrator -Systemadministration -"System-Administration" -"System_Administrator"*
Feld **Ort:** *Hamburg OR Berlin*

Hinweis: Beachten Sie die Kombination -"System_Administrator". Wir haben festgestellt, dass bei der Anwendung von Ausschlussphrasen Unter- und Bindestriche besser funktionieren als Leerzeichen. Also geben Sie statt -"System Administrator" besser -"System_Administrator" oder -"System-Administrator" ein.

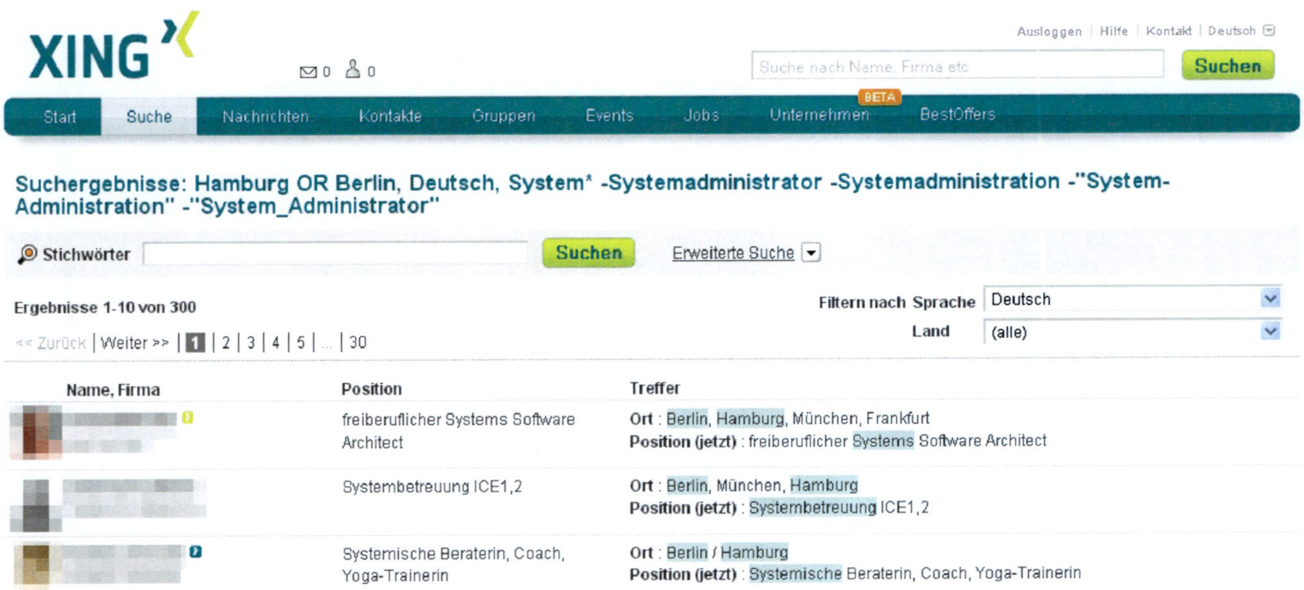

XING - erweiterte Suche mit Beispieleingabe und Auszug aus der Trefferliste

Die Trefferliste der Suche umfasst 300 Ergebnisse. Aufgrund dessen entscheiden Sie sich, die Suche mit einer zusätzlichen UND-Kombination weiter einzuschränken. Die Ergebnisse sollen auf Personen reduziert werden, die in Berlin UND Hamburg studiert haben.

Feld **Hochschulen:** *Berlin Hamburg*

Von den 300 Ergebnissen sind einige wenige übrig geblieben, die Ihren Kriterien entsprechen. Das angeführte Beispiel ist willkürlich. Es diente ausschließlich zur Bewusstmachung der vielfältigen Möglichkeiten der *„Erweiterten Suche"*. Grundsätzlich sollten Sie darauf achten, Ihre Suchketten solange zu verfeinern, bis die Zahl der Suchergebnisse unter 300 Treffern liegt. Das *XING*-Suchsystem zeigt lediglich die ersten 300 Ergebnisse an, so dass Sie bei unzureichend präzisierten Suchanfragen Gefahr laufen, relevante Ergebnisse zu verpassen. Eine genaue Suchkette vermindert den Zeitaufwand bei der Sichtung irrelevanter Ergebnisse.

Hinweis: Sie können für jede Ihrer Suchanfragen bei XING einen Suchagenten einrichten und sich per Email regelmäßig automatisch über neue, Ihren Kriterien entsprechenden, Profile informieren lassen. Nutzen Sie dazu den Button „Suchagenten zu dieser Suche einrichten" unter den Suchergebnissen.

XING - Einrichtung eines Suchagenten

Die XING-Powersuche

Neben der erweiterten Profilsuche bietet *XING* die sogenannte *Powersuche*. Dahinter verbergen sich vordefinierte Suchvorgänge nach bestimmten Merkmalen wie z.B.:

- *Mitglieder, die mein Profil kürzlich aufgerufen haben*
- *Mitglieder, die bieten, was ich suche*
- *Mitglieder, die suchen, was ich biete*
- ...

Diese Suchoption ist aus unserer Sicht jedoch kaum für die aktive Personalsuche geeignet, da sie keine Anpassungen zulässt. Aus diesem Grund wird die Powersuche an dieser Stelle nicht weiter behandelt. Stattdessen werfen wir noch einen Blick auf die Gruppen- und Foren-Suche von *XING*.

Die XING-Gruppensuche

Um zur Gruppensuche zu gelangen, klicken Sie auf den Button „*Gruppen*" in der grünen Navigationsleiste der *XING*-Oberfläche. Es erscheint ein Stichwortsuchfeld mit der Option, die Gruppennamen, Gruppenbeschreibungen oder aber die einzelnen Forenartikel in allen Gruppen nach bestimmten Stichworten zu durchsuchen. (Sie können bei Bedarf auch ausschließlich Ihre eigenen Artikel durchsuchen). Dabei können Sie nach einzelnen Stichpunkten, UND-ODER Kombinationen, nach exakten Phrasen oder nach Wortanfängen (mit Platzhaltern *) suchen. Nur der Ausschluss von Suchbegriffen mittels des Minusoperators (-) wird nicht unterstützt.

Wenn Sie schnell einige Gruppen mit einem bestimmten Schwerpunkt suchen, ist die interne Suche eine akzeptable Lösung. Wenn Sie jedoch nach einzelnen Artikeln suchen, ist es erfahrungsgemäß wesentlich effektiver, die externe *Google*-Suche einzusetzen. Denn *Google* lässt die Nutzung des Minusoperators „-" zu, wodurch Sie Ihre Suche wesentlich vereinfachen können.

Darüber hinaus erhalten Sie über die Ergebnisliste von *Google* in einigen Fällen auch Zugang zu älteren Artikeln, die in den Trefferlisten der *XING*-Gruppensuche nicht mehr angezeigt werden. In der Regel finden Sie über die interne Gruppensuche selten Artikel, die älter als sechs Monate sind. Wenn Sie sich die Ergebnisse der Artikel-Suche bei *Google* (s. Kap. 5.2.3.1) genauer anschauen, sehen Sie in jedem Eintrag das Datum, an dem ein Artikel verfasst wurde. Liegt das Datum mehr als sechs Monate zurück, führt der direkte Link nicht zum gewünschten Artikel, sondern zu einer anderen Seite innerhalb der *XING*-Gruppen, zumeist auf die Hauptseite des Forums, in dem der Artikel ursprünglich verfasst wurde oder auf eine „nicht gefunden" Seite. Wenn Sie jedoch in der *Google*-Ergebnisliste anstatt auf den direkten Link zu *XING* auf den *„In Cache"*-Link klicken, gelangen Sie mit hoher Wahrscheinlichkeit auf eine im *Google*-Index* gespeicherte alte Version des Forums, über die Sie auf den alten Artikel zugreifen können.

5.2.3.3 Passive Kandidatenansprache

Sie haben nun die wichtigsten Werkzeuge der aktiven Personalsuche mit Hilfe von *XING* kennen gelernt. Diese können Sie als registrierter Nutzer um die passiven Möglichkeiten der Personalsuche erweitern. Sie erhalten die Möglichkeit, Stellenanzeigen innerhalb von *XING* zu schalten und Stellensuchende über die entsprechende Gestaltung der Felder *„Ich suche"* und *„Ich biete"* auf Ihr Profil und Ihr(e) Stellenangebot(e) aufmerksam zu machen:

Ihr Profil

Wenn Sie eine konkrete Stelle zu besetzen haben, macht es Sinn, entsprechende Stichworte in Ihrem persönlichen Profil zu erwähnen (insbesondere unter *„Ich biete:* und *„Ich suche:*), damit Sie von anderen Nutzern gefunden werden können. Damit Ihre Maßnahmen Erfolg haben, sollten Sie sich ausführlich Gedanken darüber machen, mit welchen Suchbegriffen potentielle Kandidaten nach einer Stelle suchen. Ein Beispiel zur Veranschaulichung: Sie suchen z.B. einen Systemadministrator und tragen dieses Stichwort unter *„Ich suche"* in Ihrem Profil ein. Falls jemand mit dem Begriff Systemadministration sucht, findet die Person Ihr Angebot nicht. Ein Patentrezept zur Lösung dieser Problemstellung gibt es nicht. Doch gut durchdachtes Keywording* ist bei der passiven Personalsuche die eine entscheidende Erfolgsvoraussetzung. Zusätzlich können Sie auch die Statusmeldung in Ihrem Profil für die Hinweise auf offene Stellen benutzen (z.B. Suche Systemadministrator in Hamburg m/w - Infos unter www.xyz.de). Diese wird in Ihren direkten Kontakten angezeigt und führt so im Idealfall zu „Mundpropaganda".

Stellenanzeigen

Bei der Erstellung von Stellenanzeigen in den *XING*-Gruppen gibt es keine erwähnenswerten technischen Tricks. Sie werden mit einem Klick zum Mitglied einer Gruppe. Bei freischaltungspflichtigen Gruppen müssen Sie unter Umständen erklären, warum Sie Mitglied werden möchten. Als Gruppenmitglied haben Sie automatisch das Schreibrecht. Suchen Sie sich das passende Forum innerhalb einer Gruppe aus und stellen Sie Ihre Stellenanzeige als neues Thema ein. Vergessen Sie dabei nicht die vollständige Angabe Ihrer Kontaktdaten.

Mit dem Dienst „**Jobs**" bietet *XING* (zusätzlich zu den kostenlosen Möglichkeiten) eine eigene Onlinestellenbörse, in der Sie Ihre Stellenanzeigen veröffentlichen können. Der entscheidende Unterschied zu den meisten anderen Stellenbörsen im deutschsprachigen Web ist, dass bei *XING* keine pauschalen Beträge für die Schaltung von Anzeigen verlangt werden. Sie bezahlen 0,49 Euro pro Klick auf Ihre Anzeige. Die Nutzung der Stellenbörse ist ebenfalls sehr einfach und selbsterklärend. Bei der Veröffentlichung sollten Sie sich Gedanken über wichtige Keywords (Tags*) machen. Mehrere und gute Keywords bedeuten auch hier eine höhere Wahrscheinlichkeit gefunden zu werden. Mehr (unqualifizierte) Klicks führen aber auch zu höheren Kosten. Nutzen Sie daher die Option der Budget- bzw. Klickbegrenzung.

Insgesamt bietet *XING* für den geübten Nutzer vielfältige Möglichkeiten, interessante Kandidaten ausfindig zu machen und Kontakte herzustellen.

5.3 LinkedIn [www.linkedin.com]

5.3.1 Einführung

LinkedIn wurde im Jahr 2002 in den USA gegründet und ist das größte internationale soziale Online-Netzwerk weltweit. Es wird von seinen Nutzern überwiegend zur geschäftlichen bzw. professionellen Kontaktpflege genutzt. Die Hauptsprache der Plattform ist Englisch. Inzwischen gibt es aber eine französische, spanische und seit Februar 2009 auch eine deutsche Version. *LinkedIn* hat nach eigenen Angaben weltweit etwa 43 Millionen Nutzer, wobei im Schnitt alle 17 Tage eine Million neue Nutzer dazu kommen.

LinkedIn ist als kostenpflichtiger Dienst konzipiert. Die kostenlose Mitgliedschaft ist möglich, jedoch im Bereich der direkten Kontaktaufnahme zu anderen Nutzern stark eingeschränkt. Für die professionelle Nutzung bietet *LinkedIn* verschiedene Modelle an, die sich wiederum voneinander unterscheiden. Für das professionelle Recruiting mit uneingeschränkten Such- und Kontaktmöglichkeiten bietet *LinkedIn* spezielle, erweiterte Pakete mit zusätzlichen Tools* und Leistungsmerkmalen - z.B. Recruiter™. Die Kosten für das Paket liegen nach unseren Angaben pro Arbeitsplatz und Jahr bei etwa 5.000 - 7.000 US-Dollar. Vom Funktionsumfang und Preis zielen diese Pakete auf große Unternehmen mit eigenen Personalabteilungen ab.

Nicht anders als in anderen sozialen Netzwerken ist es auch im Fall von *LinkedIn* naheliegend, über die Suche und Ansprache von anderen Nutzern Kontakte zu potentiellen/interessanten Kandidaten zu knüpfen.

Obwohl die kostenlose *LinkedIn*-Mitgliedschaft in ihren Nutzungsmöglichkeiten auf den ersten Blick stark eingeschränkt ist, kann ihre Funktionalität ausreichen, um bei *LinkedIn* nach interessanten Kandidaten zur Besetzung Ihrer offenen Stellen zu suchen. Wie aber findet man unter mehr als 43 Millionen Nutzern (Stand Juni 2009), darunter über 500.000 Deutsche (Stand Februar 2009), diejenigen die für das eigene Unternehmen interessant sind?

5.3.2 Möglichkeiten der Personalsuche

Für das Durchsuchen von *LinkedIn* nach Personen (sowie auch nach rein thematischen Inhalten) stehen Ihnen die interne Suche über das *LinkedIn*-Suchsystem und die externe Suche über Websuchmaschinen zur Auswahl.

Eine weitere unterstützende Möglichkeit, ebenfalls bekannt aus anderen sozialen Netzwerken, sind die Gruppen zum Meinungs- und Wissensaustausch. *LinkedIn*-Nutzer tauschen sich in zahlreichen professionellen Gruppen aus. Hinweise auf interessante Personen lassen sich über die Teilnahme an den Gruppendiskussionen bzw. die Analyse der Beiträge sammeln. Die Verbreitung von Hinweisen auf offene Stellen oder die Gründung einer eigenen Gruppe sind weitere denkbare Optionen für Ihre kurzfristige oder langfristige Suchstrategie.

Die Gruppen werden um den *„Frage und Antwort"*-Bereich ergänzt, in dem Fragen zu den verschiedensten Themen gestellt und beantwortet werden. Dieser Bereich ist ebenfalls eine mögliche Quelle für Hinweise.

Eine letzte Möglichkeit der Personalsuche bei *LinkedIn* ist die Schaltung von Stellenanzeigen in der *LinkedIn*-Stellenbörse. Diese ist nicht kostenlos, doch der Pauschalpreis von 195,- $/30T. ist nicht zuletzt aufgrund der leichten Handhabung gerechtfertigt.

Im Folgenden erläutern wir die technische Vorgehensweise, insbesondere für die interne Personensuche bei *LinkedIn* und die externe Kandidatenrecherche mit Websuchmaschinen.

5.3.2.1 Interne Kandidatenrecherche

Betrachten wir zunächst die internen Suchtools. Zum einen steht Ihnen für Ihre Suche die strukturierte erweiterte Suche mit verschiedenen Auswahlkriterien zur Verfügung. Zum anderen lässt sich die einfache Stichpunktsuche mit Hilfe von speziellen *LinkedIn*-Suchoperatoren in Kombination mit Booleschen Operatoren zu einem effektiven Suchwerkzeug umwandeln.

Die erweiterte LinkedIn-Suche

Zu der Maske *„erweiterte Suche"* gelangt man über den Link *„erweitert"* rechts neben dem *„Suche"*-Button der Stichwortsuchleiste oben rechts in Ihrem Browser*-Fenster.

Die Maske *„erweiterte Suche"* besteht aus zwei Unterseiten - Personensuche und Referenzsuche. Die Referenzsuche steht Ihnen bei der kostenlosen Mitgliedschaft nicht zur Verfügung. Dem zahlenden Nutzer verrät sie, ob sich in seinem Netzwerk Personen befinden, die persönlich Auskunft über einen Bewerber erteilen könnten, der angibt, in einem bestimmten Zeitraum bei einem bestimmten Unternehmen tätig gewesen zu sein.

In der Maske *„Personensuche"* können Sie sich für den Einsatz einzelner Suchkriterien oder für Kombinationen aus mehreren Suchkriterien (Feldern) entscheiden, um die entsprechenden Bereiche in den Nutzerprofilen (Firma, Ausbildung, Ort usw.) nach Ihren Vorgaben zu durchsuchen. Je mehr Kriterien Sie für Ihre Suche einsetzen, desto präziser werden Ihre Ergebnisse, wobei die Gefahr, relevante Ergebnisse zu übersehen, ebenfalls steigt. (Für dieses Suchdilemma gibt es jedoch noch keine perfekte Lösung.) In den Feldern der erweiterten Suche können zusätzlich zu den Stichpunkten auch die Booleschen Operatoren* AND, OR und NOT verwendet werden, was für eine Präzisierung von Suchanfragen sehr hilfreich sein kann.

Anwendungsbeispiel

Suchziel: Sie suchen eine Person, die sich mit der Programmiersprache Java auskennt (möglichst ein Entwickler?) und aktuell bei IBM arbeiten soll:

Eingabe:
Stichwörter:Java
Ort:Standort/ Gebiet
Land:Deutschland
PLZ: leer
Unternehmen:IBM =>nur aktuell

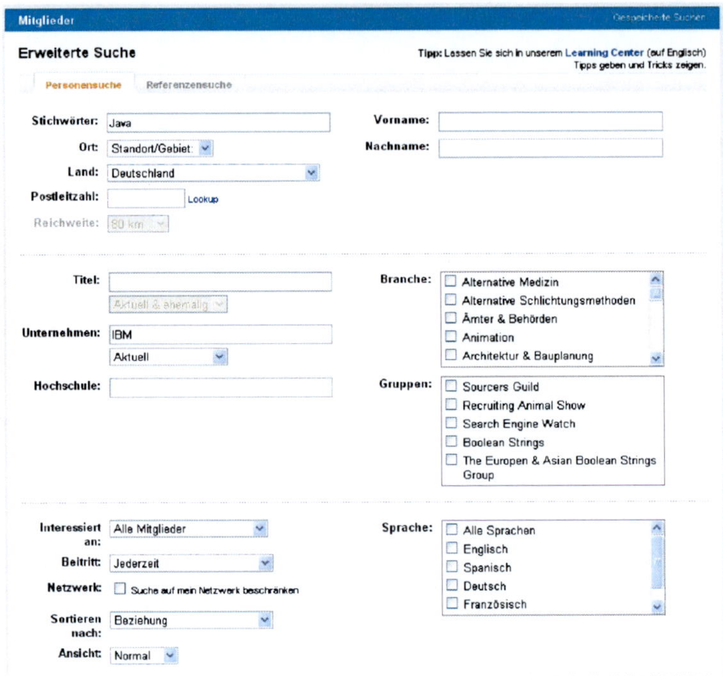

LinkedIn - erweiterte Suche mit Beispieleingabe

Sie erhalten etwa 70 Ergebnisse. Darunter befinden sich jedoch auch Personen, die nur am Rande mit Java-Entwicklung zu tun haben. Außerdem nehmen wir an, Sie suchen jemanden, der in Hamburg arbeitet. Die Eingabe wird dahingehend präzisiert:

Anwendungsbeispiel

Eingabe:

Stichwörter: Java (Entwickler OR Entwicklung OR development OR developer)
Ort: Standort / Gebiet
Land: Deutschland PLZ:20095 Reichweite:55 km
Unternehmen:IBM =>nur aktuell

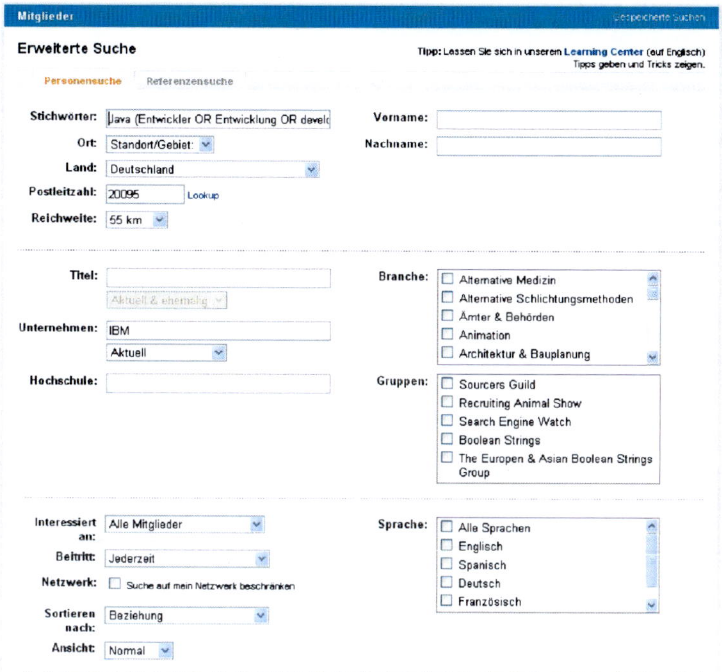

LinkedIn - erweiterte Suche mit Beispieleingabe

Als Ergebnis erhalten Sie nur noch zwei relevante Nutzerprofile. Die Einschränkung auf *IBM* dient lediglich zur Demonstration der Möglichkeiten der einschränkenden Suche. Um die Trefferzahl zu erhöhen, ergänzen Sie Ihre Suchbegriffe im Feld *„Unternehmen: "* zu (IBM OR Airbus)

Die Zahl der relevanten Ergebnisse ist durch die Hinzunahme des Unternehmens *Airbus* etwas gestiegen. Erweitern Sie die Suche nun solange, bis sie eine akzeptable Zahl von Resultaten ergibt. Um selbst ein Gefühl für die richtige Vorgehensweise bei der Suche zu entwickeln, denken Sie sich am besten einige Beispiele aus, und experimentieren Sie mit den verschiedenen Feldern und Operatoren.

Wie Sie feststellen werden, erscheinen einige Profile in der Trefferliste anonymisiert, so dass sie nur wenige Informationen enthalten. Dies liegt daran, dass Sie als nicht zahlendes Mitglied höchstens Zugriff auf Kontakte dritten Grades (Freundesfreude) haben. Alle weiteren Profile sind für Sie gesperrt. Mit Hilfe der externen Kandidatenrecherche kann diese Einschränkung zum Teil umgangen werden (vgl. Kap. 5.3.2.2).

Die „einfache" LinkedIn-Stichwortsuche

Wenn Ihnen die erweiterte Suche mit vorgegebenen Feldern zu unflexibel erscheint und Sie das Handwerk des manuellen Suchkettenbaus beherrschen, können Sie mit Hilfe individuell erstellter Suchketten aus *LinkedIn*-Operatoren und Booleschen Operatoren mit der „einfachen" Stichwortsuche beachtliche Ergebnisse erzielen.

LinkedIn - einfache Stichwortsuche

Nutzen Sie hierzu die folgende Übersicht der verfügbaren *LinkedIn*-Operatoren:

Description	Operator Name	Dependency	Possible Values
First Name	fname:	n/a	<keyword>
Last Name	lname:	n/a	<keyword>
Current Title	ctitle:	n/a	<keyword>
Past Title	ptitle:	n/a	<keyword>
Title	title:	n/a	<keyword>
Current Company	ccompany:	n/a	<keyword>
Past Company	pcompany:	n/a	<keyword>
Company	company:	n/a	<keyword>
School	school:	n/a	<keyword>
Country	country:	n/a	<valid country>
Zip Code	zip:	country:	<valid zip code>
Radius	radius:	country: and zip:	<10, 25, 35, 50, 75, 100>
Industry	industry:	n/a	<valid industry>
Interested In	interest:	n/a	<p:potential employees, c:consultants/contractors, e:entrepreneurs, h:hiring managers, i:industry experts, d:deal-making contacts>
Joined LinkedIn	joined:	n/a	<login:since last login, d:in the last day, w:in the last week, 2w:in the last 2 weeks, m:in the last month, 3m:in the last 3 months>

LinkedIn - Übersicht der LinkedIn Such-Operatoren

Sie können nun einzelne oder mehrere dieser Operatoren kombiniert mit den Suchworten Ihrer Wahl in das Eingabefeld der *LinkedIn*-Stichwortsuche eingeben, um die *LinkedIn*-Suche Ihren persönlichen Anforderungen anzupassen.

Anwendungsbeispiel

Setzen Sie zunächst zwei Operatoren für die Eingrenzung des Landes und den aktuellen Arbeitgeber ein:

Eingabe: country:"Deutschland" ccompany:"Airbus"

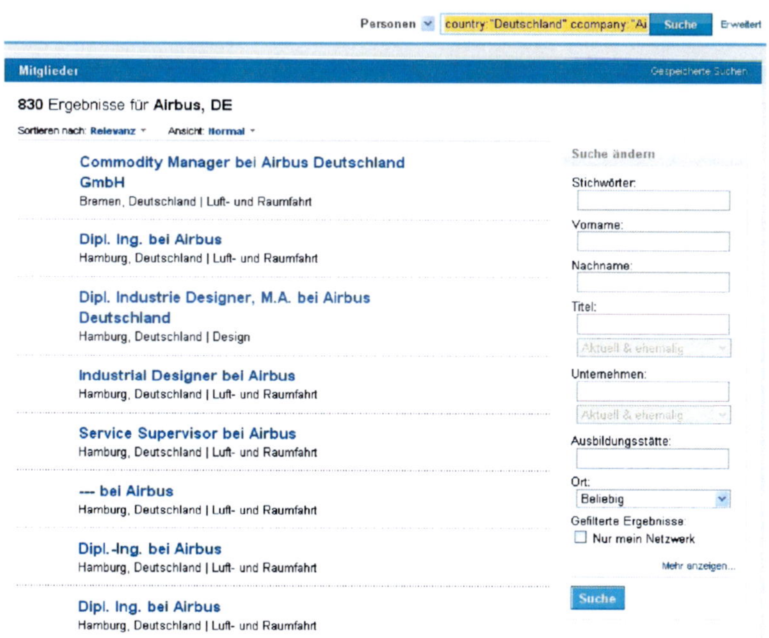

LinkedIn - Stichwortsuche mit Beispieleingabe und Auszug aus der Trefferliste

Die Suche ergibt über 800 Ergebnisse. Um die Zahl der Ergebnisse einzuschränken, erweitern wir unsere Sucheingabe um die aktuelle Position im Unternehmen:

Anwendungsbeispiel

Eingabe: country:"Deutschland" ccompany:"Airbus" ctitle:"Manager"

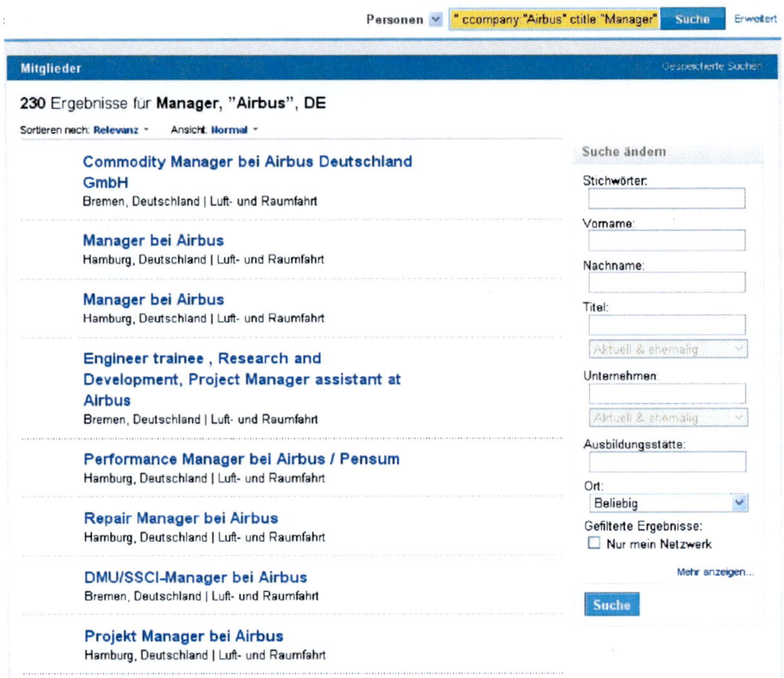

LinkedIn - Stichwortsuche mit Beispieleingabe und Auszug aus der Trefferliste

Als Ergebnis erhalten Sie gut 200 Profile von *Airbus*-Managern verschiedener Hierarchieebenen aus ganz Deutschland.

Auf der nächsten Stufe kombinieren Sie *LinkedIn*-Operatoren mit Booleschen Operatoren (AND, OR, NOT), um die Ergebnisse noch weiter zu präzisieren. Aus pädagogischen Gründen, kommt diesmal zuerst das Beispiel und danach die Suchaufgabe.

Anwendungsbeispiel

Eingabe: country:"Deutschland" ccompany:"IBM" ctitle:"consultant NOT managing"

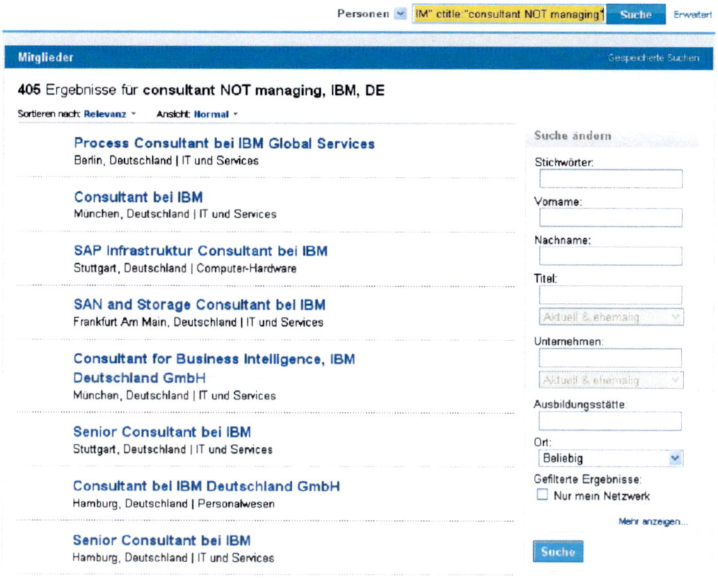

LinkedIn - Stichwortsuche mit Beispieleingabe und Auszug aus der Trefferliste

Hier werden deutschlandweit Consultants gesucht, die bei *IBM* arbeiten. Consultants mit „Managing"-Erfahrung (z.B. Managing Consultants, Managing Partner usw.) sind bei dieser Suche jedoch nicht von Interesse.

Anwendungsbeispiel

Eingabe: country:"Deutschland" ccompany:"IBM OR PwC" ctitle:"managing AND consultant NOT senior"

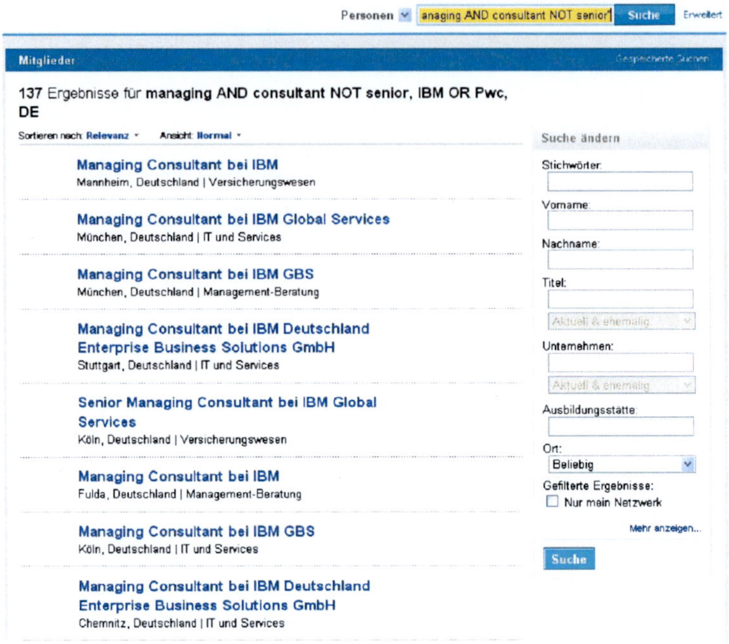

LinkedIn - Stichwortsuche mit Beispieleingabe und Auszug aus der Trefferliste

Sie suchen Personen mit Erfahrung als Managing Consultant, die bei *IBM* oder *PwC* tätig sind (und schließen gleichzeitig Senior Consultants aus). Sollen die Profile der infrage kommenden Personen zusätzlich nach bestimmten Stichpunkten (z.B. Öl, Gas oder IT) gefiltert werden, können diese ohne Verwendung von besonderen *LinkedIn*-Operatoren in die Kette aufgenommen werden.

Hinweis: Lassen Sie sich an dieser Stelle bitte weiterhin nicht durch gesperrte Profile entmutigen. Erst lernen Sie das Suchen und dann das „Hacken" der gesperrten Profile.

Eingabe: country:"Deutschland" ccompany:"IBM OR Pwc" ctitle:"managing AND consultant NOT senior" (Öl OR Gas OR IT)

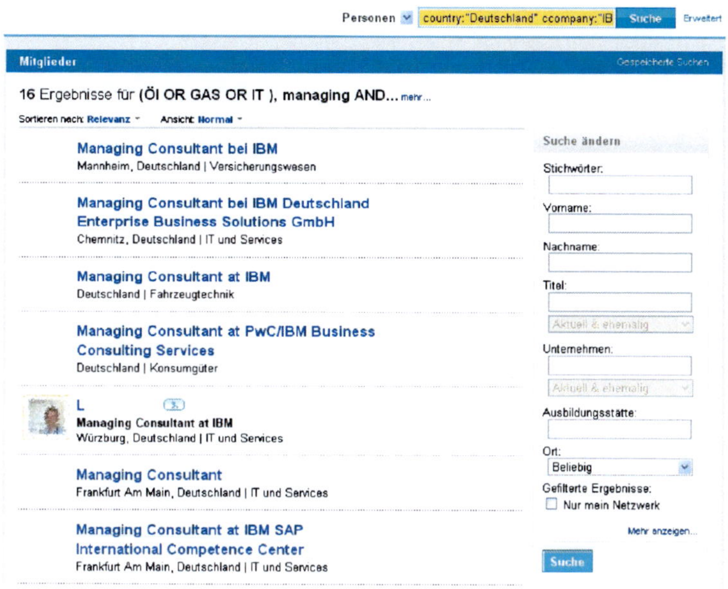

LinkedIn - Stichwortsuche mit Beispieleingabe und Auszug aus der Trefferliste

Bitte achten Sie bei der Stichwortsuche ganz genau auf die Syntax Ihrer Sucheingabe:

Entgegen den Feldern der erweiterten Suche und der sonst üblichen Vorgehensweise werden die Suchterme aus mehreren Stichpunkten und Booleschen Operatoren mit einem vorgesetzten *LinkedIn*-Operator grundsätzlich in doppelte Anführungsstriche statt in Klammern gesetzt!

ctitle:"managing AND consultant NOT senior"

Wenn Sie Kombinationen aus Stichpunkten und Booleschen Operatoren ohne vorgesetzte *LinkedIn*-Operatoren verwenden, sollte der entsprechende Teil des Suchterms in Klammern gesetzt werden!

(Öl OR Gas OR IT)

Beherrschen Sie die Verwendung von *LinkedIn*-Operatoren in Kombination mit Booleschen Operatoren, können Sie häufig schnellere und bessere Ergebnisse erzielen als bei Verwendung der erweiterten Suche.

Zu den Möglichkeiten der internen *LinkedIn*-Suche lässt sich abschließend hinzufügen, dass sich die Ergebnislisten nach Kriterien wie Relevanz, Kontaktgrad usw. sortieren lassen. Außerdem können im Rahmen einer kostenlosen Mitgliedschaft bis zu drei Suchketten gespeichert werden, so dass Sie Ihre Suche zu einem späteren Zeitpunkt ohne eine wiederholte Eingabe erneut durchführen können.

5.3.2.2 Externe Kandidatenrecherche

Höchste Zeit, Ihr Wissen um die externe Suche und die Möglichkeiten der „Profil-Öffnung" zu erweitern.

Vorteilhaft ist es, dass ein Großteil der *LinkedIn*-Datenbestände (Nutzerprofile), sofern von den Nutzern nicht explizit unterbunden, von externen Suchmaschinen (*Google*, *Yahoo!*, *Bing*) erfasst wird. Dadurch wird es möglich, die *LinkedIn*-Profile mit diesen Suchmaschinen von außerhalb zu durchsuchen und auf diese Weise von der Flexibilität der Suchmaschinenbefehle zu profitieren.

Machen Sie sich jedoch zunächst bewusst, dass die externe Suche mit Websuchmaschinen vom Prinzip her anders funktioniert als die Suche mit der internen *LinkedIn*-Suchmaschine. Im Gegensatz zu der internen bietet die externe Suche nicht die Möglichkeit, einzelne Bereiche eines Profils (Unternehmen, Position usw.) gezielt zu durchsuchen. Mit einer externen Suchmaschine durchsuchen Sie stets das gesamte Nutzerprofil nach Übereinstimmungen mit Ihren Angaben.

Geben Sie bei der *LinkedIn*-Suche mit *Google* einen Firmennamen ein, erhalten Sie nicht ausschließlich Personen, die mit der Firma in Verbindung standen, sondern alle die, bei denen der Firmenname in irgendeinem Zusammenhang im Profil auftaucht (z.B. Produkte von Firma X verwendet). Für die Effektivität der externen Suche ist daher die Qualität der verwendeten Begriffskombinationen und Suchoperatoren entscheidend.

Die Grundlage für das externe Durchsuchen von *LinkedIn*-Profilen mit *Google* bilden die folgenden Grundbefehle:

site:linkedin.com (nur die Seite von *LinkedIn* soll bei der Suche berücksichtigt werden.)
inurl:pub OR inurl:in (die URLs der Ergebnisse sollten *pub* oder *in* enthalten - typisch für Profil-URLs*)
-inurl:directory -inurl:dir (Mitgliederverzeichnis-URLs werden ausgeschlossen)
intext: (durchsucht den Text einer Seite)

Wir kehren nun zu unseren vorherigen Beispielen zurück und starten mit der Suche nach Consultants, die bei *IBM* oder *PwC* arbeiten und aus Hamburg kommen.

Anwendungsbeispiel

Eingabe: Geben Sie bitte folgende Suchkette in das Eingabefeld von Google ein:

site:linkedin.com intext:(current consultant (IBM OR PwC) Hamburg Area) (inurl:pub OR inurl:in -inurl:directory -inurl:dir)

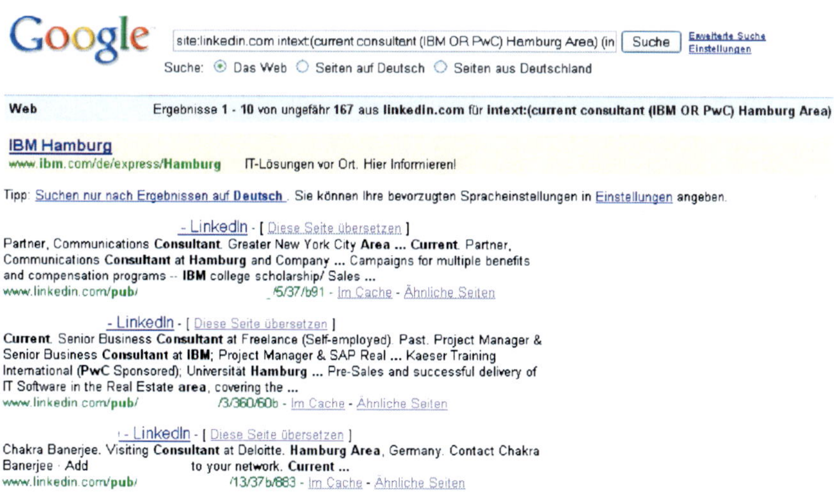

LinkedIn - Google Web-Suche mit Beispieleingabe und Auszug aus der Trefferliste

Achten Sie auf die Begriffe *„current"* und *„Area"*. Es handelt sich dabei um Standardbegriffe aus den *LinkedIn*-Profilen, die unabhängig von Ihrer persönlichen Spracheinstellung stets in der englischen Variante in der Datenbank abgelegt werden. Die Kombination *„current consultant"* innerhalb der ersten Klammer zielt darauf ab, Profile zu finden, in denen das Wort *„consultant"* möglichst nah am Wort *„current"* (für aktueller Beruf/Position) steht. Solche Profile gehören sehr wahrscheinlich Personen, die aktuell tatsächlich Consultants sind. Ähnlich verhält es sich mit der Ortsangabe. Wir möchten den Begriff *„Hamburg"* daher gerne in der Nähe des Begriffes *„Area"* haben und nicht wahllos irgendwo im Profil.

Anwendungsbeispiel

Die obere Suchkette liefert überschaubare gut 160 Ergebnisse. Dennoch wollen wir die Ergebnisse gerne weiter einschränken, indem wir *„Senior Consultants"* und *„Managing Consultants"* herausfiltern.

Die erweiterte Suchkette lautet:

Eingabe: site:linkedin.com intext:(current consultant -senior -managing (IBM OR PwC) Hamburg Area) (inurl:pub OR inurl:in -inurl:directory -inurl:dir)

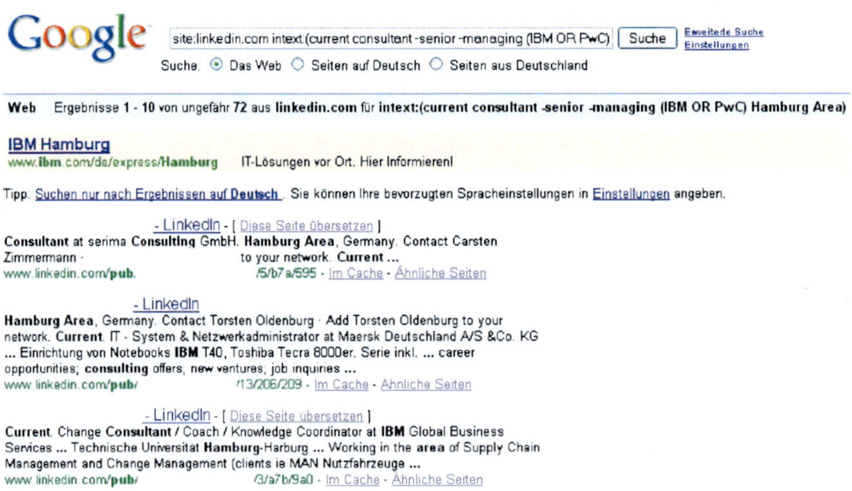

LinkedIn - Google Web-Suche mit Beispieleingabe und Auszug aus der Trefferliste

Nach dieser Einschränkung verbleiben nur ca. 70 potentiell interessante Ergebnisse. Bei einer genauen Analyse werden Sie feststellen, dass einige wenige noch nicht exakt unseren Kriterien entsprechen. 100 % Genauigkeit lässt sich auch mit den besten Suchketten nicht gewährleisten.

Übrigens erlauben die oben kurz erwähnten Standardbegriffe in den *LinkedIn*-Profilen das gezielte Durchsuchen der Profile nach Zugehörigkeit zu oder Erfahrung in bestimmten Branchen. Unter der *LinkedIn*-Maske* *„erweiterte Suche"* finden Sie eine Liste mit Branchen. Schalten Sie Ihre *LinkedIn*-Version auf Englisch um, und Sie erhalten die englischen Übersetzungen, die tatsächlich in den Profilen gespeichert werden.

Anwendungsbeispiel

Suchziel: Sie suchen nach Personen aus Hamburg, die im Bereich Telekommunikation tätig sind oder waren.

Eingabe: site:linkedin.com intext:(Hamburg Area"Telecommunication industry") (inurl:pub OR inurl:in -inurl:directory -inurl:dir)

LinkedIn - Google Web-Suche mit Beispieleingabe und Auszug aus der Trefferliste

Die externe Suche bietet neben ihrer Flexibilität zwei wesentliche Vorteile für die nicht zahlenden *LinkedIn*-Mitglieder. Sie haben Zugriff auf mehr als 100 Ergebnisse (bis 1000).

Mit ein wenig Glück haben Sie über die externe Suche außerdem Zugriff auf geschlossene Profile, also solche, die nicht zu Ihrem erweiterten Netzwerk gehören.

Wie Sie mit der externen Suche gesperrte Profile „hacken" können

Wir nehmen den theoretischen Fall einer internen *LinkedIn*-Suche an, die Sie zu einer Liste mit interessanten Profilen führt. Ein Teil der Profile wird jedoch anonym, also ohne Namensangabe, angezeigt. Bei einem Klick auf die entsprechenden Profile bekommen Sie den Hinweis *„Privat"*, zusammen mit einigen wenigen, für eine Bewertung unzureichende Angaben sowie eine Aufforderung zum „Upgraden" des eigenen Accounts*.

Führen Sie zur Veranschaulichung mit der erweiterten Suche von *LinkedIn* die folgende Abfrage durch.

Eingabe:
Ort:Standort/Gebiet
Land:Deutschland
PLZ:20097
Reichweite:40 km
Titel:Consultant NOT Managing
Unternehmen:IBM OR PwC

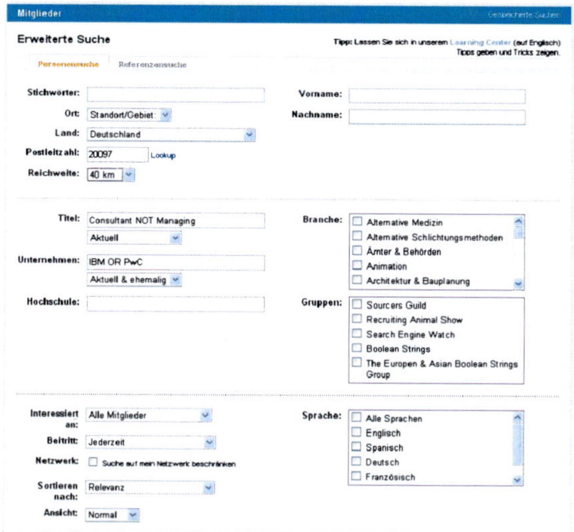

LinkedIn - erweiterte Suche mit Beispieleingabe

Eines der ersten Ergebnisse trägt die Überschrift *„User Experience Consultant at IBM Interactive"*. Das ist ein geschlossenes Profil, somit erhalten Sie unvollständige Daten zu der Person.

LinkedIn - Auszug aus der Trefferliste

Das ist ein geschlossenes Profil, somit erhalten Sie unvollständige Daten zu der Person.

LinkedIn - „gesperrtes" Profil

Die vorhandenen Daten könnten aber durchaus ausreichen, um damit über eine externe Suchmaschine nach demselben Profil auf die Suche zu gehen.

Wir extrahieren eine Reihe von möglichst auffälligen Begriffsketten aus dem anonymen Profil und setzen Sie in die *Google*-Suchkette ein.

Eingabe: site:linkedin.com User Experience Consultant at IBM Interactive Intern bei base-iX Websolutions

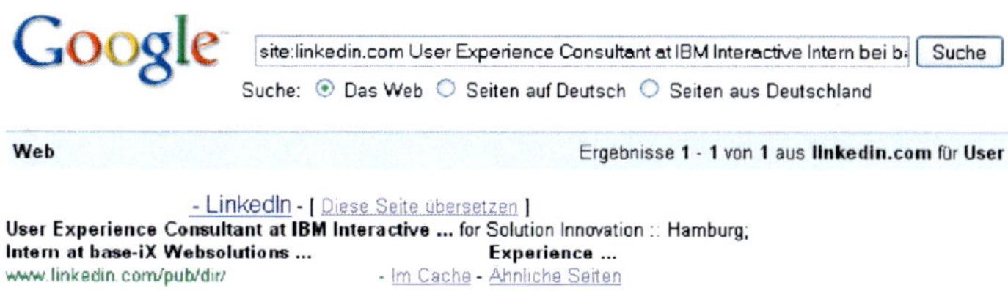

LinkedIn - Google Web-Suche nach Profilfragmenten und Auszug aus der Trefferliste

An erster Stelle präsentiert *Google* ein Profil, das mit den Vorgaben am ehesten übereinstimmt. Erste Auffälligkeit - das Profil ist im Gegensatz zu *LinkedIn* mit einem Namen versehen. Klicken Sie nun nicht direkt auf den Profillink, sondern auf *„Im Cache"*, und Sie erhalten das vollständige von *Google* indizierte Profil des Nutzers, zu dem Sie über *LinkedIn* einen sehr eingeschränkten Zugang haben.

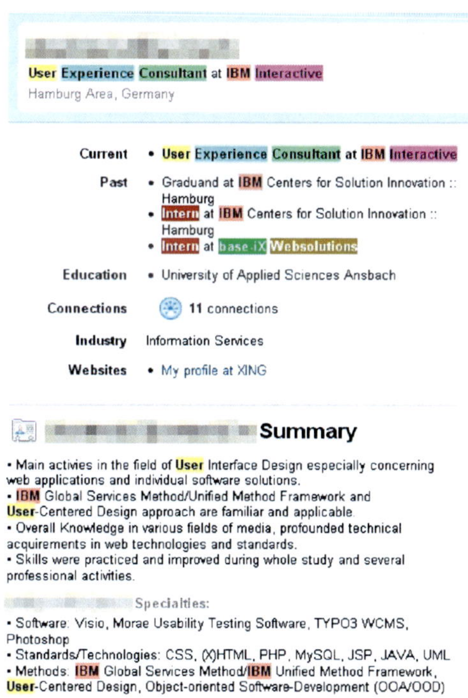

LinkedIn - die „im Cache" Version eines „gesperrten" Profils

Die Voraussetzung für diesen Trick ist, dass ein Profil auf Wunsch des Nutzers indizierbar ist. Nach unserer eigenen Statistik lassen sich im Moment etwas mehr als 50 % der deutschsprachigen *LinkedIn*-Profile mit der vorgestellten Technik „öffnen". In den meisten Fällen reicht diese Menge aus, um im Rahmen des eigenen Suchvorhabens einige interessante Kandidaten ausfindig zu machen.

5.3.2.3 Gruppen

Damit schließen wir den Bereich „Kandidatenrecherche mit LinkedIn" ab und widmen uns kurz den *LinkedIn*-Diskussionsgruppen.

Professionelle *LinkedIn*-Diskussionsgruppen können durchaus Hinweise auf interessante Personen liefern. Davon gibt es vor allem in englischer Sprache immer mehr. Es ist zu erwarten, dass mit der steigenden Zahl deutscher Nutzer auch die Zahl der deutschsprachigen Gruppen zunimmt.

Voraussetzung für die effektive Informationsbeschaffung ist die Möglichkeit, solche Gruppen schnell nach Stichpunkten zu durchsuchen. Leider besteht zum jetzigen Zeitpunkt keine uns bekannte Möglichkeit, Inhalte der *LinkedIn*-Gruppen über interne oder externe Suchmaschinen zu durchsuchen. Über die interne *LinkedIn*-Suche können Sie lediglich die Namen und Beschreibungen der Gruppen durchsuchen. Um die Inhalte analysieren zu können, müssen Sie anschließend den interessant erscheinenden Gruppen beitreten. Der hierfür erforderliche Zeitaufwand ist aus unserer Sicht in den meisten Fällen nicht gerechtfertigt.

5.3.2.4 Fragen & Anworten (F&A)

Der Bereich *„F&A"* ermöglicht eine effektivere Durchsuchung als die Diskussionsgruppen bei *LinkedIn*. Dafür sind die wirklich relevanten Inhalte noch recht mager. Die Suche kann sowohl über die Stichpunktsuche von *LinkedIn* als auch über eine externe Suchmaschine erfolgen.

Anwendungsbeispiel:

Eingabe: site:linkedin.com inurl:answers Stichwort

Abschließend lässt sich festhalten, dass *LinkedIn* trotz seiner im Vergleich mit *XING* geringeren deutschen Nutzerbasis für die Personalsuche interessant ist. Dies gilt umso mehr, als das Unternehmen Anfang 2009 eine deutsche Version veröffentlicht, und die weitere Erschließung des deutschen Marktes angekündigt hat.

5.4 Facebook [www.facebook.de]

5.4.1 Einführung

Facebook ist ein internationales soziales (Online-) Netzwerk. Es wurde im Jahr 2004 an der *Harvard University* von einem Studierenden entwickelt und wandte sich zunächst auch nur an die dortigen Studierenden. *Facebook* ist ein hauptsächlich freizeitorientiertes Netzwerk. Es dient zur Verwaltung von länderübergreifenden Freundschaften und Bekanntschaften. Die Funktionen und Dienste in *Facebook* unterstützen den umfassenden Austausch mit den eigenen Kontakten. So ermöglichen sie z.B. die Veröffentlichung von Bild-, Ton- und Videodateien sowie gegenseitigen Kommentaren und Statusmeldungen innerhalb des persönlichen Netzwerks. *Facebook* ermöglicht seinen Nutzern, zeitnah über die aktuellen Ereignisse seiner Kontakte informiert zu sein und im Gegenzug über eigene Ereignisse und Erlebnisse zu berichten. So entsteht der Eindruck einer steten Teilnahme am Leben der Freunde weltweit, ungeachtet der geographischen Entfernung. Das *Facebook*-Angebot wird darüber hinaus durch unzählige, von externen Entwicklern kreierte, Anwendungen (Spiele, Tools* usw.) ergänzt. *Facebook* verbindet wie kein anderes soziales Netzwerk Unterhaltung mit technischem Fortschritt und erfreut sich weltweit einer immer schneller wachsenden Popularität. Mit nach eigener Aussage über 250 Millionen aktiven Nutzern belegt *Facebook* mit Abstand den ersten Platz unter den internationalen sozialen Online-Netzwerken.

5.4.2 Möglichkeiten der Personalsuche

Zugegeben, bei der Suche nach neuen Mitarbeitern vermutet man nicht unbedingt in einem Freizeit-Netzwerk fündig zu werden, gleichgültig wie groß es auch sein mag. Die Profile der *Facebook*-Nutzer unterscheiden sich stark von denen in professionellen Netzwerken, wie *XING* oder *LinkedIn*. Bei *Facebook* werden in der Regel vor allem Einzelheiten des Privatlebens beleuchtet, was in den meisten Fällen kaum fundierte Schlüsse auf das berufliche Leben zulässt.

Nichtsdestotrotz lässt sich bei *Facebook* mit Geduld und Fingerspitzengefühl der eine oder andere potentielle Kandidat ausfindig machen. Insbesondere dann, wenn Sie bereits einer konkreten Person auf der Spur sind, deren Namen und berufliche Tätigkeit Sie bei der Suche in einem Webforum oder einem professionellen Netzwerk gefunden haben. Denn zum einen enthalten Nutzerprofile durchaus gewisse Hinweise auf die berufliche Tätigkeit, besuchte Bildungseinrichtungen, Bildungsabschlüsse und beruflich motivierte Interessen. Zum anderen ermöglicht *Facebook* im Rahmen der Diskussionsgruppen und der Pay-per-Click* -Werbung die Schaltung von Stellenanzeigen oder anderweitigen Hinweisen auf Ihr Unternehmen und Ihre offenen Stellen.

Ein Hinweis vorab: Der Zugang zu den *Facebook*-Nutzerdaten ist durch *Facebook*-Voreinstellungen und Nutzereinstellungen im Vergleich zu anderen sozialen Online-Netzwerken nur eingeschränkt möglich und macht die aktive Kandidatensuche bei *Facebook* zu einer beschwerlichen Aufgabe. Dies gilt umso mehr, als die Profile der *Facebook*-Nutzer sich vielfach nur schwer bis gar nicht mit Websuchmaschinen wie *Google* und Co. durchsuchen lassen.

Selbst als angemeldeter Nutzer werden Sie feststellen, dass Sie die Nutzer-Profile zwar mit der internen *Facebook*-Suche durchsuchen können, Ihnen der Zugang zu den meisten Profilen Ihrer Ergebnisliste jedoch verwehrt bleibt. Sofortigen uneingeschränkten Zugang haben Sie lediglich zu den Profilen Ihrer direkten Kontakte und zu den, auf ausdrücklichen Wunsch der Besitzer, öffentlich zugänglichen Profilen.

In Ihren Ergebnislisten innerhalb von *Facebook* werden Sie auf zwei Arten von Profilen treffen. Profile mit blau unterlegten Namen sind für alle zugänglich und können von Ihnen sofort eingesehen werden, ohne mit dem Besitzer „befreundet" zu sein. Profile mit Namen in schwarzer Farbe erhalten voraussichtlich die von Ihnen gesuchten Informationen, können aber nicht eingesehen werden, ohne mit dem Besitzer „befreundet" zu sein. Wie viele *Facebook*-Profile öffentlich zugänglich sind, lässt sich bisher nicht eindeutig feststellen.

Für das Durchsuchen der *Facebook*-Profile (ob offen oder nicht) eignet sich aus unserer Sicht in erster Linie die interne *Facebook*-Suche. Abhängig davon, nach welchen Kriterien Sie Ihre Kandidatenrecherche gestalten wollen, stehen Ihnen die einfache Freundessuche oder die erweiterte Suche als Optionen zur Verfügung.

5.4.2.1 Interne Kandidatenrecherche

Die einfache Suche erreichen Sie nach der Anmeldung bei *Facebook* am schnellsten über den Link **facebook.com/srch.php**. Die Maske* besteht aus drei Bereichen:

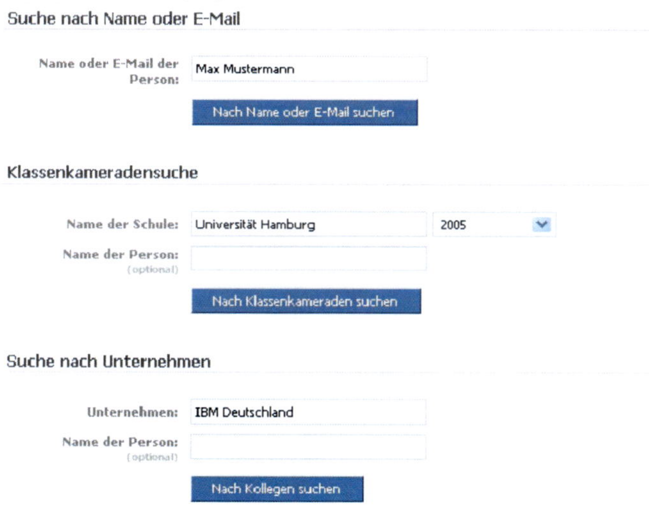

Facebook - einfache Suche (Name, E-Mail, Hochschule, Unternehmen)

Suche nach Namen und Suche nach E-Mail: Diese Suchoption ist dann brauchbar, wenn mindestens eine dieser Angaben bekannt ist, und Sie nach einer konkreten Person Ausschau halten.

Suche nach Klassenkameraden/Kommilitonen: Hier können Sie nach Personen suchen, die eine bestimmte Bildungseinrichtung besucht haben. Durch Hinzunahme des Abschlussjahres können Sie Ihre Suche auf Personen mit ausreichender Berufserfahrung ausrichten.

Suche nach Unternehmen: Über die Unternehmenssuche können Sie Personen ausfindig machen, die bei einem bestimmten Unternehmen arbeiten oder gearbeitet haben. Da *Facebook* eine internationale Nutzerbasis hat, empfiehlt sich die Hinzunahme des entsprechenden englischen Ländernamens (z.B. neben *IBM Deutschland* oder *Microsoft Deutschland* auch nach *IBM Germany* oder *Microsoft Germany* suchen). Außer der Firmenzugehörigkeit können Sie über die Personen jedoch nicht viel mehr in Erfahrung bringen.
Die einfache Suche eignet sich folglich nur dann, wenn Ihnen vor Ihrer *Facebook*-Suche bereits einige Anhaltspunkte vorliegen (Namen, Universitäten, Zielfirmenlisten). Bei einer Blindsuche ohne konkrete Anhaltspunkte sollten Sie jedoch direkt mit der erweiterten Suche beginnen. Diese finden Sie unter dem Link: **facebook.com/advanced.php**

Facebook - erweiterte Suche

Vor der Suche mit der erweiterten Suchmaschine empfiehlt es sich, einem oder mehreren *Facebook*-Netzwerken beizutreten, sofern Sie das nicht bereits getan haben. *Facebook*-Netzwerke sind Gruppen, in denen Nutzer mit gleichen Eigenschaften (Firma, Universität, geographische Lage) zusammengefasst werden. Eine erschwerende Eigenart dieser *Facebook*-Suche ist, dass lediglich die Profile Ihrer Netzwerke durchsucht werden können. Das für Sie zu Anfang interessanteste Netzwerk ist *„Germany"* mit derzeit etwa 1,35 Millionen deutschsprachigen Nutzern. Die Datenbasis reicht für Ihre ersten Gehversuche bei *Facebook* völlig aus. Die für Ihre Zwecke passenden Netzwerke finden Sie übrigens unter dem Menupunkt Einstellungen->Kontoeinstellungen->Netzwerke.

Facebook - Auswahl des Netzwerks

Nach Ihrem Beitritt in eines der Netzwerke können Sie die Suche nach Profilen unmittelbar aufnehmen.

Der Vorteil der erweiterten *Facebook*-Suche ist, dass Sie Ihre Suche auf konkrete Bereiche bzw. Einträge innerhalb eines Nutzerprofils beschränken können. So lassen sich Ungenauigkeiten in den Ergebnissen von Anfang an weitestgehend einschränken. Geben Sie z.B. einen Stichpunkt in das Suchfeld *„Heimatort"* ein, können Sie sicher sein, dass tatsächlich nur der Eintrag Heimatort in den Profilen Ihres Netzwerkes auf Übereinstimmungen analysiert wird.

Für die Suche nach berufsbezogenen Informationen sind nur wenige Felder der erweiterten Suche von Interesse. Wenn keine konkreten Anhaltspunkte zur Person vorhanden sind, beginnen Sie am besten mit dem Suchfeld *„Position"* und/oder *„Studienfach"* am Ende des Suchformulars. Hier eines der Ergebnisse für die Suche nach einem PHP-Entwickler über das Suchfeldfeld *„Position"*.

Facebook - Auszug aus einem Nutzerprofil

Sie können natürlich mehrere Stichpunkte in ein Suchfeld eingeben. In diesem Fall werden die einzelnen Worte von *Facebook* automatisch als UND-Kombination interpretiert. Die Verwendung des Booleschen Operators AND zwischen den einzelnen Begriffen ist daher nicht notwendig und führt bei Eingabe dazu, dass Sie keine Treffer erhalten. Außer dieser automatischen Verknüpfung unterstützt *Facebook* leider keine weiteren Operatoren. Gezielte Suche mit *Facebook* gestaltet sich deshalb sehr schwierig. Besondere Tipps oder Tricks sind uns zum jetzigen Zeitpunkt nicht bekannt.

Hinweis: Nutzen Sie alternativ englische Begriffe bei Ihrer Suche bei Facebook z.B. „developer" statt „Entwickler". Facebook ist eine internationale Plattform, deren Hauptsprache Englisch ist. Die meisten Profile werden deshalb auf Englisch ausgefüllt.

Stichwortsuche

Nun kommen wir zu der Stichwortsuche, die Sie über das Suchfeld in der rechten oberen Ecke Ihres Browser-Fensters bedienen können.

Facebook - einfache Stichwortsuche

Im Gegensatz zu der einfachen (Name / E-Mail) Suche und der erweiterten Profilsuche macht die Stichwortsuche keinen Unterschied zwischen den einzelnen Bereichen eines Profils und durchsucht den gesamten Datenbestand eines Profils nach Übereinstimmungen mit Ihren Suchbegriffen. Außerdem liefert die Stichwortsuche als Ergebnis auch Profile aus Netzwerken, in denen Sie nicht Mitglied sind. Leider haben Sie über die Stichwortsuche keinen Zugang zu diesen Profilen, selbst wenn sich darunter öffentlich zugängliche Profile befinden.

Auch wenn die Stichwortsuche auf den ersten Blick folglich zu mehr Ergebnissen führt als die einfache und die erweiterte Profilsuche, ist die Qualität und die Nutzbarkeit der Ergebnisse unter Umständen geringer. Um Ihre Ergebnisse sinnvoll einzuschränken und die Trefferqualität zu erhöhen, empfehlen wir die Suche mit mindestens zwei Stichwörtern, z.B. Ort und Beruf. Je mehr Begriffe Sie eingeben, desto präziser werden die Ergebnisse. Gleichzeitig steigt jedoch auch die Wahrscheinlichkeit relevante Profile zu verpassen, z.B. weil der Nutzer bei der Profilerstellung abgewandelte Bezeichnungen verwendet hat („*HH* statt „*Hamburg*), oder weil ein Profil unvollständig ist.

5.4.2.2 Externe Kandidatenrecherche

Neben den internen Suchmöglichkeiten von *Facebook* ist es, wenn auch mit erheblichen Einschränkungen, möglich, *Facebook* über externe Suchmaschinen zu durchsuchen. Nach unserer Recherche lassen sich etwa 100 Millionen *Facebook*-Profile auf dem Server **facebook.com** von außerhalb durchsuchen. Dazu kommen etwa elf Millionen auf dem Server **de-de.facebook.com**, auf dem die Daten vieler Nutzer aus Deutschland gespeichert werden. Diese Profile lassen sich mit *Google* unter Verwendung Boolescher und erweiterter Operatoren nach bestimmten Stichworten oder Phrasen durchsuchen.

Zum jetzigen Zeitpunkt führt die externe Suche nach berufsbezogenen Daten in deutschsprachigen Profilen kaum zu zahlenmäßig nennenswerten Ergebnissen. Nur wenige Menschen aus Deutschland machen Ihre Profile öffentlich und noch weniger geben berufsbezogenen Daten frei. Die externe Suche gleicht im Moment einem Glückspiel, weshalb wir hier keine konkreten Beispiele anführen. Experimentierfreudige Leser können mit Hilfe der folgenden Suchkette Ihr Glück versuchen.

Anwendungsbeispiel

Suchziel: Facebook Profile, die relevante Stichworte enthalten.
Eingaben: site:de-de.facebook.com OR site:facebook.com inurl:people -inurl:directory -inurl:pages Ihre Suchbegriffe

Alternative: site:de-de.facebook.com OR site:facebook.com -inurl:directory -inurl:pages Ihre Suchbegriffe

Ausgabe: Von *Google* erfasste visitenkartenartige sog. *„Sucheinträge"*.

Beim Aufruf Ihrer Suchergebnisse werden Sie feststellen, dass *Facebook* zwar das externe Suchen nach Profilen zulässt, das Aufrufen der Profile von außerhalb jedoch zu sogenannten *„Sucheinträgen"* und nicht zu den eigentlichen Nutzerprofilen führt.

„Sucheinträge" sind eine Art Visitenkarte des *Facebook*-Profils. Sie enthalten ein Foto, den Namen des Besitzers und ggf. einige Angaben zu seiner Freizeit (Lieblings-Buch, Film, Produkt etc.). Die für die Personalsuche relevanten Angaben enthalten diese *„Sucheinträge"* leider äußerst selten. Manchmal erhalten Sie Zugriff auf zusätzliche Informationen zu einem Sucheintrag, wenn Sie in der *Google*-Ergebnisliste anstatt des direkten Links den *„Im Cache"*-Link aufrufen.

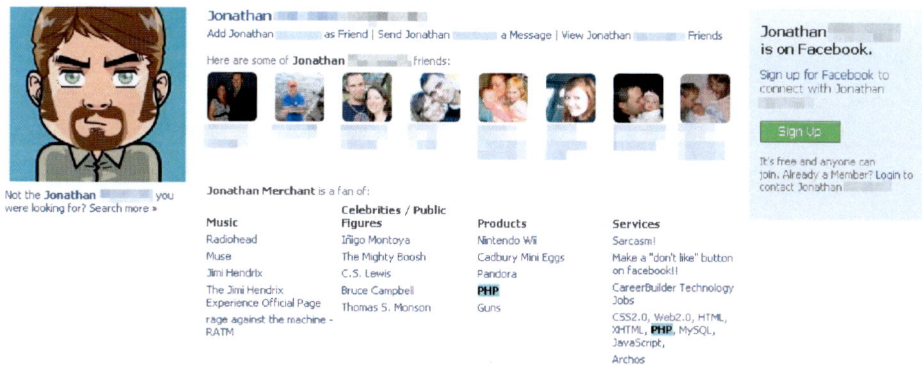

Facebook - die „im Cache" Version eines „Sucheintrags"

Denkbar wäre, den Namen zu nutzen, um über die interne einfache Profilsuche nach dem interessanten Kandidaten zu suchen und zu hoffen, dass das Profil der Zielperson öffentlich zugänglich ist und sich in Ihrem Netzwerk befindet. Kompliziert, aber möglich. Außerdem könnten Sie nun mit dem Namen der Person in anderen Netzwerken auf die Suche gehen.

Bessere Methoden für die *Facebook*-Suche gibt es im Moment nicht. Insgesamt ist die externe Suche zeitaufwendig und nicht wirklich effektiv. Es besteht die Gefahr, dass Sie zuviel Zeit in nicht relevante Personen investieren. Die externe *Facebook*-Suche sollten sie daher erst nach Ausschöpfung der bereits geschilderten internen Suchmöglichkeiten anwenden.

5.4.2.3 Kandidatenrecherche in Gruppen

Externe Kandidatenrecherche in Gruppen

Etwas effektiver gestaltet sich die externe Suche mit *Google*, wenn Sie die *Facebook*-Gruppen durchsuchen. *Facebook* weist als Freizeit-Netzwerk zur Zeit jedoch relativ wenige professionelle Gruppen auf. Je nach Ihren Anforderungen kann sich die Suche nach Beiträgen zu relevanten Themen aber dennoch lohnen. Da die *Facebook*-Gruppen, im Gegensatz zu den Profilen, tatsächlich offen für externe Suchmaschinen sind, ist die externe Suche der internen im Fall der Gruppen vorzuziehen. Mit Hilfe der Suchoperatoren der externen

Suchmaschinen können die Gruppen wesentlich effektiver durchsucht werden als mit der internen Suchmaschine. Für die Suche in den *Facebook*-Gruppen sollten Ketten der folgenden Grundform verwenden werden:

Eingabe: site:de-de.facebook.com OR site:facebook.com inurl:group Ihre Suchbegriffe

oder

Alternative: site:de-de.facebook.com site:facebook.com inurl:group intitle:"vermutete Überschrift oder Teile"

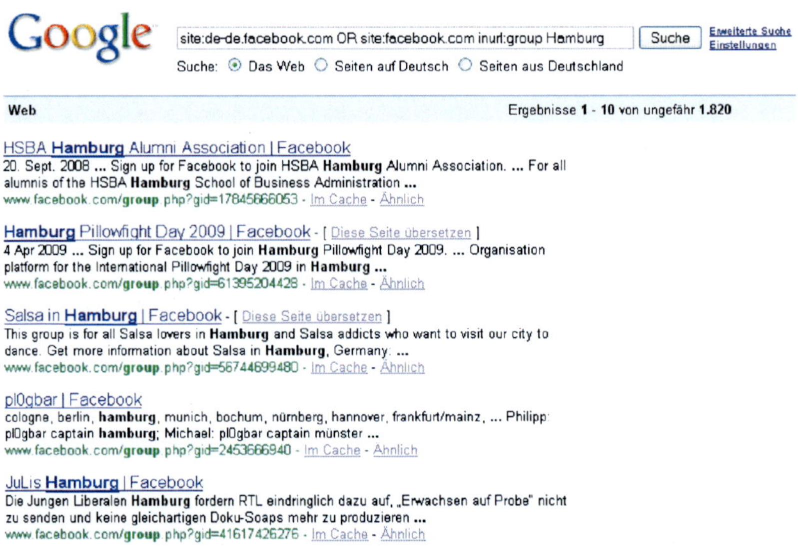

Facebook - Google Web-Suche nach Gruppen und Auszug aus der Trefferliste

Die auf diese Weise gefundenen Gruppen können betreten werden, ohne bei *Facebook* angemeldet sein zu müssen. Es sei denn, es handelt sich um von den Moderatoren bewusst zugangsbeschränkte Gruppen. Ansonsten findet man nach dem Betreten die Übersicht der Teilnehmer, der behandelten Themen und den Zugang zu den einzelnen Beiträgen.

Facebook - Gruppe der HSBA Alumni

Wenn Sie sich mit *Facebook*-Gruppen auseinandersetzen, werden Sie feststellen, dass die überwältigende Mehrzahl der Gruppen in englischer Sprache geführt wird. Die Zahl deutscher Gruppen steigt jedoch stetig an.

Interne Kandidatenrecherche in Gruppen

Wie oben erwähnt, können Sie die *Facebook*-Gruppen auch intern durchsuchen. Die entsprechende Maske finden Sie unter Startseite->Anwendungen->Gruppen. Sie haben die Möglichkeit, über das Suchfeld „*Gruppen suchen*" mit einem oder mehreren Stichwörtern auf die Suche zu gehen (Boolesche Operatoren* funktionieren auch hier nicht). Oder aber Sie nutzen die Übersicht der Themenbereiche unter der Maske „*Gruppen durchstöbern*" und klicken sich manuell zu den interessant klingenden Gruppen durch. Sie werden allerdings umgehend merken, dass kaum einer der angebotenen Themenbereiche in Verbindung mit beruflichen Themen steht. Theoretisch ist im Rahmen der passiven Suche das Platzieren von Anzeigen oder Hinweisen auf Ihre offenen Stellen denkbar. Inwieweit dieses Vorgehen sinnvoll ist, hängt von dem jeweiligen Fall ab.

5.4.2.4 Passive Kandidatenansprache

Marketplace

Eine weitere Option für die Schaltung von Stellenanzeigen ist der entsprechende Bereich des *Facebook*-Kleinanzeigenmarktes (Marketplace): Startseite->Anwendungen->Marketplace (Link: **facebook.com/marketplace**). Dort können Sie kostenlos kurze Stellenanzeigen schalten. Für die bessere Auffindbarkeit kann die Anzeige in einer thematisch passenden Unterkategorie platziert werden. Bitte achten Sie vor der Veröffentlichung Ihrer Stellenanzeige(n) auf die Auswahl der richtigen „*Location*" über den Button „*Settings*".

Facebook - Stellenangebote im Marketplace

Der komplett überarbeitete Bereich „*Marketplace*" ist zum Zeitpunkt der Drucklegung dieses Buches erst seit wenigen Tagen für Anzeigen aus Deutschland offen. Die Zahl der Nutzer ist entsprechend gering. Prognosen zur Effektivität lassen sich daher im Moment nicht treffen.

Pay-per-Click Werbung

Wenn Sie der Meinung sind, bei *Facebook* auf Ihre Zielgruppe zu treffen (z.B. Universitäts-Absolventen), haben Sie die kostenpflichtige Option, zielgruppenspezifische Werbekampagnen zu starten. Ihre Anzeige erscheint dann in den Profilen der Nutzer, die Ihrer Zielgruppe angehören. Die Kosten für solche Anzeigen hängen von mehreren Faktoren wie Qualität, Anzeigen-Popularität, Zielgruppe, konkurrierenden Anzeigen sowie der Anzahl der Klicks auf Ihre Anzeige ab. Alle Informationen zu dieser Option erhalten Sie über die Schaltfläche „*Werbung*", die Sie in der Navigationsleiste am unteren Bildrand finden (Direktlink: **facebook.com/advertising**).

Facebook - Pay-per-Click Werbung

5.4.3 Zukunftsperspektive

Facebook ist das weltweit größte soziale Netzwerk und bietet eine steigende Zahl deutscher Nutzer (6,9 Millionen unique visitors im Juni 2009). Der Schwerpunkt liegt im Moment noch eindeutig im Bereich Unterhaltung und Freizeit. Das veranlasst den Betreiber, besonders vorsichtig mit den Daten der Nutzer umzugehen, was die Suche nach Kandidaten natürlich erschwert. *Facebook* kann in bestimmten Fällen jedoch heute schon als eine sinnvolle Ergänzung für Ihre Personalsuche eingesetzt werden, z.B. bei der Anwerbung von Universitätsabsolventen. Für die Nutzbarkeit im Rahmen der allgemeinen Personalsuche bleibt abzuwarten, wie erfolgreich *Facebook* sich zukünftig in Deutschland entwickeln wird, wobei die Anzeichen für eine positive Entwicklung und starkes Wachstum sprechen. Es besteht aus unserer Sicht daher kein Zweifel daran, dass der professionelle Nutzen der Plattform insgesamt steigen wird. Denn trotz des ausgeprägten Unterhaltungscharakters, ziehen die Reichweite und die Technologieführerschaft des Netzwerkes inzwischen zunehmend beruflich motivierte Nutzer an. Dies drückt sich nicht zuletzt dadurch aus, dass die Altersgruppen 35-54 und 55+ seit Mitte 2008 die stärksten Wachstumsraten aufweisen.

Als langfristig denkendes Unternehmen sollten Sie daher gerade bei ***Facebook*** eine auf den Aufbau einer eigenen Community* ausgerichtete Strategie in Erwägung ziehen. Dabei sollten Sie einen wichtigen Grundsatz beherzigen: um in den „Social Media" Erfolg zu haben, ist eine interaktive Kommunikation unbedingt notwendig. Denn in den auf dem Community-Gedanken aufbauenden Netzwerken kommen Sie wesentlich weiter, wenn Sie sich als Teil der Community benehmen, etwas von sich preisgeben und regelmäßig Mehrwert (Wissen, Unterhaltung usw.) für die anderen Mitglieder der Community schaffen. Es gilt: nur wer gibt, kann langfristig auch etwas mitnehmen.

5.5 Weitere Soziale Netzwerke

Neben den drei großen sozialen Online-Netzwerken existieren eine ganze Reihe kleinerer Netzwerke, die für den deutschen Markt relevant sind. Das Grundprinzip unterscheidet sich kaum von den bereits geschilderten Netzwerken. Die Möglichkeiten für die Personalsuche sind jedoch im Vergleich stark eingeschränkt. Aus diesem Grund beschränken wir uns darauf, einige erwähnenswerte Netzwerke kurz zu erläutern.

5.5.1 Viadeo [www.viadeo.com]

Viadeo ist ein ursprünglich aus Frankreich stammendes internationales Business-Netzwerk. Eigene Sprachversionen gibt es auf Deutsch, Englisch, Französisch, Italienisch, Niederländisch, Portugiesisch und Spanisch. Durch die Akquisition von sozialen Netzwerken in Südamerika, China und Indien verbindet ***Viadeo*** inzwischen sechs Millionen gut ausgebildete Mitglieder aus allen Teilen der Erde. Darunter befinden sich 200.000 Deutsche, deren Profile Sie mit der folgenden ***Google***-Suchkette durchsuchen können:

Anwendungsbeispiel

Eingabe: site:viadeo.com inurl:de/profile "Stichwort"

Ausgabe: Die Trefferliste erhält Profile, die das gesuchte Stichwort enthalten.
Hier sehen Sie eines der Resultate der Suche nach Web-Entwicklern (Auszug aus dem Nutzerprofil):

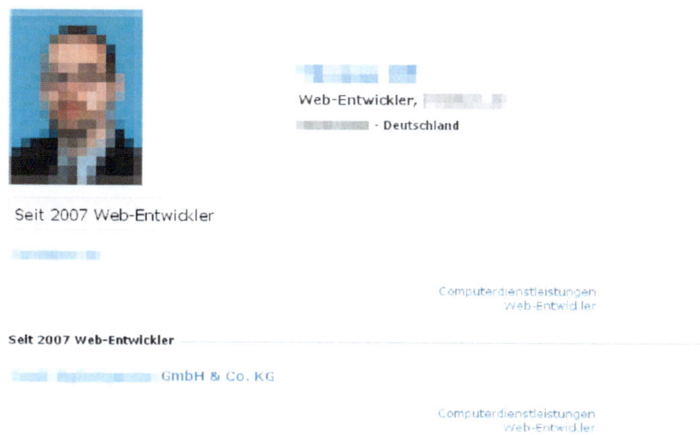

Viadeo- Auszug aus einem Nutzerprofil

5.5.2 Plaxo [www.plaxo.com]

Plaxo ist eine amerikanische, international ausgelegte Plattform, die dem Bereich der sozialen Netzwerke zugeordnet werden könnte. Treffender ist jedoch der Vergleich mit einem funktionsreichen Adressbuch mit Web 2.0 Elementen. *Plaxo* ermöglicht es den Nutzern, ausführliche (berufliche) Profile anzulegen, Inhalte und persönliche Daten aus anderen Online-Plattformen einzubinden und sich mit anderen *Plaxo*-Nutzern zu vernetzen. Ein Nachteil von *Plaxo* ist das sehr schwache und momentan auf das eigene Bekannten-Netzwerk beschränkte Suchsystem. Diese Eigenschaft macht die Plattform auf den ersten Blick völlig ungeeignet für die Personalsuche. Zum Glück lassen sich die sehr ausführlichen *Plaxo*-Profile von außerhalb mit *Google* durchsuchen. Das gilt zumindest für alle von Nutzern nicht explizit gesperrten Profile. Und davon gibt es weltweit immerhin knapp 2,5 Millionen. Die Anzahl der deutschen Profile ist mit etwa 16.000 derzeit zwar noch sehr übersichtlich, aber immerhin ein Anfang. Es lohnt sich, die Plattform zu beobachten und bei einigen Suchvorhaben (z.B. für den Bereich IT, WEB, neue Medien, Design) testweise mit einzubeziehen.

Um deutsche Profile zu extrahieren, nutzen Sie diese *Google*-Kette:

Anwendungsbeispiel

Eingabe: site:plaxo.com inurl:profile "Germany" intext:Berufsbezeichnung/Stichpunkt

Ausgabe: *Plaxo*-Profile, die Ihren Suchbegriff enthalten. Unten sehen Sie eines der Ergebnisse der Suche nach SAP-Consultants.

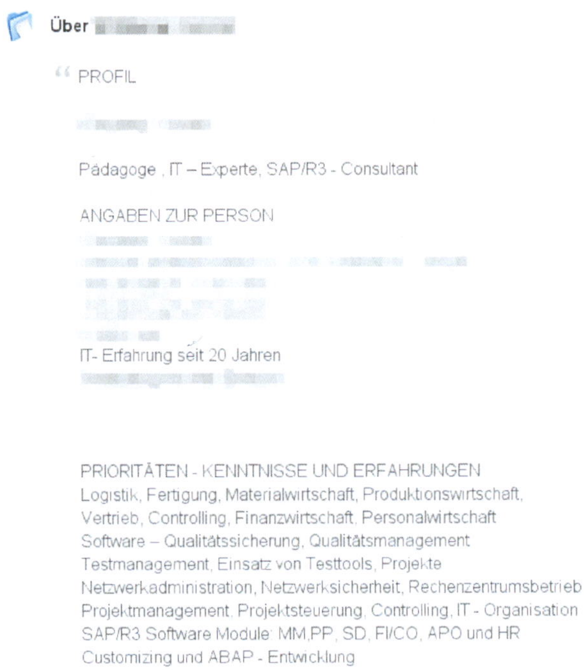

Plaxo - Auszug aus einem Nutzerprofil

5.5.3 MySpace [www.myspace.com]

MySpace ist ein aus den USA stammendes Freizeitnetzwerk mit einem Schwerpunkt auf Musik. Die Mitglieder können Fotos, Videos und Blogs in ihre Nutzerprofile integrieren und mit anderen teilen. *MySpace* hat nach eigenen Angaben 260 Millionen registrierte Nutzer. Die Zahl der aktiven Nutzer lagen laut des Marktforschungsinstituts *comScore* im Mai 2009 bei 123 Millionen Benutzern. *MySpace* gehört damit zu den drei größten Social-Networking-Plattformen weltweit. Die Zahl der deutschsprachigen Nutzer beträgt ca. drei Millionen.

Die folgende *Google*-Suchkette ermöglicht Ihnen das Durchsuchen der Nutzerprofile nach Berufsangaben:

Anwendungsbeispiel

Eingabe: site:profile.myspace.com Occupation*Berufsbezeichnung

Ausgabe: *MySpace*-Profile von Personen, die nach eigenen Angaben den von Ihnen gesuchten Beruf ausüben. Hier haben wir einen Programmierer gesucht

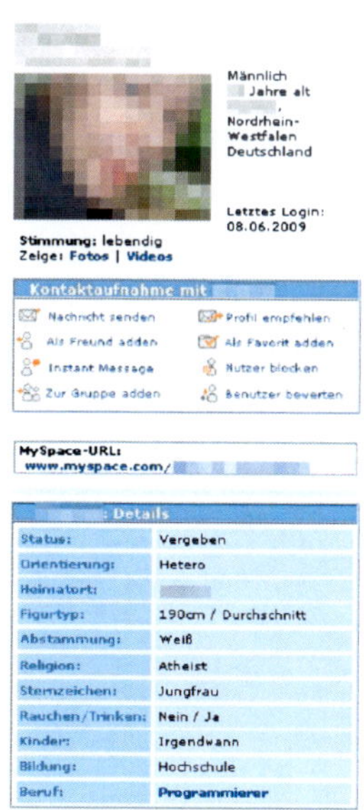

MySpace - Auszug aus einem Nutzerprofil

5.5.4 StudiVZ & MeinVZ [www.studivz.de - www.meinvz.de]

StudiVZ Ltd. betreibt mehrere soziale Plattformen in Deutschland und außerhalb, die sich hauptsächlich an Studenten und Schüler (SchülerVZ) wenden. Nach eigenen Angaben umfasst das Gesamtnetzwerk über 13 Millionen Nutzer und ist somit das erfolgreichste soziale Onlineangebot aus Deutschland.

Der inhaltliche Schwerpunkt der *StudiVZ*-Netzwerke liegt im Freizeitbereich. Dier Umstand spiegelt sich auch im Aufbau und den Funktionen der Netzwerke wider. Die Seiten *studivz.de* und *meinvz.de* (richtet sich an ehemalige *StudiVZ*ler - Absolventen bzw. Berufstätige) verbinden etwa sechs Millionen Nutzer, welche die Seiten hauptsächlich zum Nachrichtenaustausch unter Freunden nutzen.

Aufgrund einer umstrittenen Änderung der Datenschutzbestimmungen seitens *StudiVZ Ltd* im Jahr 2008 (die später revidiert wurde), geht der Trend bei der Erstellung von Nutzerprofilen seit einiger Zeit stetig in Richtung Anonymität bzw. Falschangaben. Auch wenn ein Profil wahrheitsgetreue Daten enthält, ist der Bereich *„Beruf"* auf das Wesentlichste beschränkt. Die Einschätzung von potentiellen Kandidaten auf Grundlage von *StudiVZ*-Profilen ist daher schwierig.

Die *StudiVZ*-Netzwerke sind von „außerhalb" nicht zugänglich, und können daher nicht mit externen Suchmaschinen durchsucht werden. Die interne *„Super-Suche"* ermöglicht einem angemeldeten Nutzer die Suche anhand unterschiedlichster Kriterien. Für Personalsuchende sind lediglich die Suche nach Name, Firma und Studienrichtung von wirklichem Interesse. Sie ermöglichen bei bereits bekannten Namen die Suche nach zusätzlichen Informationen. Der spärliche Informationsgehalt der *StudiVZ*-Profile trägt allerdings wenig zur Entscheidungsfindung bei.

Wesentlich nützlicher kann *StudiVZ / MeinVZ* eingesetzt werden, wenn Sie z.B. nach Absolventen bestimmter Studienrichtungen suchen oder nach Mitarbeitern einer bestimmten Firma. Sie können zwar nicht direkt nach einem bestimmten Beruf suchen, eine Suchkombination aus Studienrichtung und Alter kann Sie aber auf die Spur von relevanten Kandidaten mit entsprechender Berufserfahrung bringen. Da die *„Super-Suche"* der VZ-Netzwerke keine Booleschen Operatoren unterstützt, ist sie recht unflexibel und für komplexe Suchprozesse nicht geeignet.

MeinVZ - erweiterte Suche mit Beispieleingabe und Auszug aus der Trefferliste

Bedenken Sie bei der Nutzung von *StudiVZ* und *MeinVZ*, dass viele Nutzer zum Schutz Ihrer Privatsphäre falsche bzw. unvollständige Angaben machen. Grundsätzlich beurteilen wir die Möglichkeit von VZ-Seiten für die Personalsuche als vergleichsweise eingeschränkt. Die VZ-Netzwerke sollten daher vor allem als Ergänzung im „Bedarfsfall" herangezogen werden.

5.5.5 Lokalisten [www.lokalisten.de]

Ein weiteres populäres und mit über 2,5 Millionen Nutzern erfolgreiches deutsches Freizeit-Netzwerk ist die Plattform *lokalisten.de*. Sie richtet sich schwerpunktmäßig an Auszubildende, Studenten und Absolventen. Die Kontaktpflege hat dabei einen starken lokalen

Bezug. Bei der Anmeldung bestimmt man seinen lokalen Schwerpunkt (*Homebase*). Innerhalb des *Homebase*-Netzes hat man erweiterte Möglichkeiten, wie z.B. Zugang zu Eventankündigungen und Anzeigen.

Genau wie bei *StudiVZ* lassen sich die *Lokalisten*-Profile nicht von außerhalb durchsuchen, was den Einsatz für die Personalsuche stark einschränkt. Die interne „*Detailsuche*" ist sehr umfassend, allerdings nur in Bezug auf Freizeitkriterien. Zum Zweck der Personalsuche können die Felder Name, Vorname, E-Mail, Alter und Firma eingesetzt werden. Die separate „*Ausbildungssuche*" ermöglicht die Suche nach „*Ausbildungsberuf*" und „*Studienrichtung*" sowie ergänzend nach „*Firma*" und „*Hochschule*". Eine gezielte Suche nach dem ausgeübten Beruf ist nicht möglich.

Somit empfiehlt sich auch die Suche auf *lokalisten.de* lediglich in Fällen, in denen Sie zusätzliche Informationen zu einer bereits bekannten Person suchen. Haben Sie konkrete Firmen im Blick, können Sie *lokalisten.de* darüber hinaus nach aktuellen oder ehemaligen Mitarbeitern durchsuchen. Viele *Lokalisten*-Nutzer machen in Ihren Profilen recht ausführliche Angaben zu ihrem Beruf. Das bringt Sie zwar bei der Suche nicht weiter, ist dafür aber im zweiten Schritt eine wesentliche Erleichterung. Auch die interne Suche von lokalisten.de unterstützt keine Booleschen Operatoren.

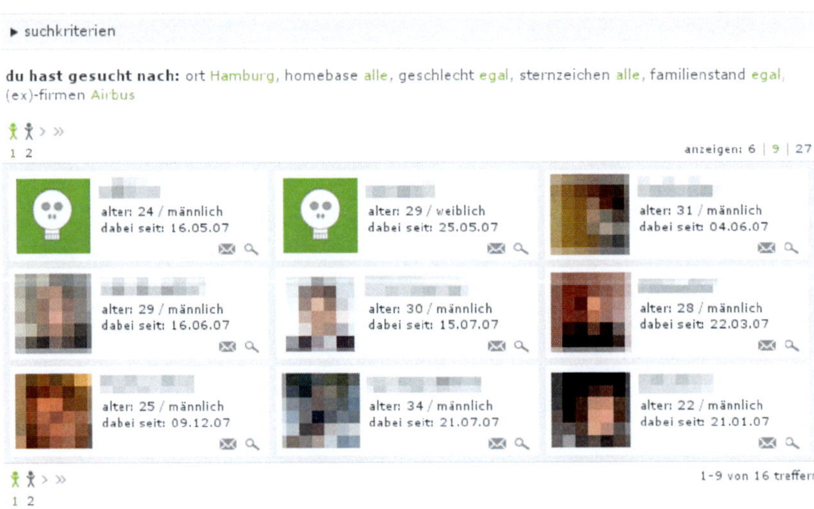

Lokalisten - Beispielsuche und Auszug aus der Trefferliste

Und so sieht der relevante Teil eines der Nutzerprofile aus.

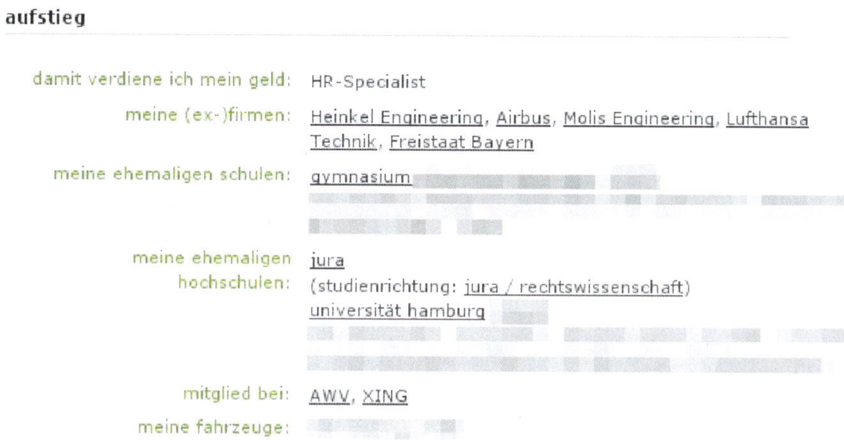

Lokalisten - Auszug aus einem Nutzerprofil

Bezüglich der passiven Personalsuche bietet lokalisten.de einen Kleinanzeigenbereich -„*markt*", in dem Sie bei Bedarf Stellenanzeigen unterbringen können (kostenlos). Voraussetzung hierfür ist allerdings, dass Sie bereits mit anderen *Lokalisten* vernetzt sind. Insgesamt betrachtet eignet sich die Plattform vor allem als ergänzende Maßnahme.

5.5.6 Kwick [www.kwick.de]

Kwick ist ein freizeitorientiertes deutsches Netzwerk mit über einer Million registrierter Nutzer. Da das Netzwerk aus der Region Stuttgart stammt, und Neu-Mitglieder u.a. über Offline-Events gewinnt, ist die Nutzerbasis in Süddeutschland am Größten. In den Nutzerprofilen sind Angaben zum erlernten bzw. ausgeübten Beruf vorgesehen. Die folgende *Google*-Suchkette ermöglicht die Identifizierung potentieller Kandidaten:

Anwendungsbeispiel

Eingabe: site:kwick.de inurl:"ueber-mich" "Berufsbezeichnung"

Bildung:	Mittlere Reife
Tätigkeit:	Berufstätig
Beruf:	Energieanlagen Elektroniker Fa. Betriebstechnik
Schulen und Unis:	- Tobias-Mayer-Schule Hauptschule mit Werkrealschule - Carl-Schaefer-Schule Ludwigsburg Gewerbliche Schule
Firma:	Energieversorgung Klinikum Ludwigsburg
Sprachen:	Deutsch, Englisch
Homepage:	http://

Kwick - Auszug aus einem Nutzerprofil

Da die Alterszielgruppe von Kwick zwischen 14 und 30 Jahren liegt, eignet sich Kwick vor allem zur Gewinnung von Nachwuchskräften.

5.5.7. Netlog [www.netlog.com]

Netlog ist ein Netzwerk für „junge Europäer" und verfügt nach eigenen Angaben über mehr als 47 Millionen registrierte Nutzer. Auch die *Netlog*-Profile sehen Angaben zum Beruf vor. Mit einer Alterszielgruppe zwischen 18 und 35 Jahren eignet sich auch *Netlog* vor allem zur Gewinnung von Nachwuchskräften. Die entsprechende *Google*-Suchkette lautet:

Anwendungsbeispiel

Eingabe: site:de.netlog.com -inurl:directory -inurl:clan -inurl:groups "Berufsbezeichnung"

Netlog - Auszug aus einem Nutzerprofil

5.5.8 Sonstige Soziale Netzwerke

Neben den vorgestellten Plattformen existieren zahlreiche weitere soziale Netzwerke, die hier wegen ihrer geringen Bedeutung keine Erwähnung finden. Entsprechende Listen sind bei Interesse leicht zu finden, z.B. unter dem *Wikipedia*-Eintrag *„Soziales Netzwerk (Informatik)"*.

Ein ferner beachtenswerter Trend im Umfeld der sozialen Netzwerke sind Plattformen, die jedem Nutzer die schnelle und unkomplizierte Erstellung eines eigenen sozialen Netzwerks ermöglichen. Ein Beispiel dafür ist Ning.com.

5.6 Weitere Web 2.0-Communities

Neben den bereits vorgestellten Web-Diensten, die schon heute über eine Reichweite verfügen, die ihren Einsatz im Rahmen der Personalsuche sinnvoll macht, existieren einige weitere interessante Vertreter der Web 2.0 Anwendungsfamilie. Deren eigentlicher Hauptzweck lässt auf den ersten Blick keine Verbindung mit Personalsuche zu. Auch ist die Zahl der (für uns) interessanten Nutzer unter Umständen noch zu gering. Die außergewöhnlichen Möglichkeiten und die Wachstumsperspektive veranlasst uns aber dennoch dazu, drei aus unserer Sicht besondere Tools* herauszugreifen, und im Folgenden vorzustellen.

5.6.1 Diigo [www.diigo.com]

5.6.1.1 Einführung

Diigo ist ein webbasiertes Social-Bookmarking-Tool, das hinsichtlich der Fülle von Funktionen alle gewöhnlichen Social-Bookmarking-Dienste, wie beispielsweise *Mr. Wong* [misterwong.de]oder *Del.icio.us* [del.icio.us], in den Schatten stellt. Neben der Online-Speicherung von Bookmarks (Favoriten/ Lesezeichen) bietet *Diigo* seinen Nutzern weitreichende Kommunikations- und Kollaborationsmöglichkeiten. Interessante Webseiten oder Auszüge dieser Seiten können markiert, kommentiert, mit anderen Nutzern geteilt und gemeinsam bearbeitet werden. *Diigo* ist also vielmehr ein Wissensmanagement- und Kollaborations-Tool als ein Bookmarking-Dienst.

5.6.1.2 Möglichkeiten der Personalsuche

Im Gegensatz zu den gängigen Social-Bookmarking Angeboten verfolgt *Diigo* einen anderen Ansatz bei der Gestaltung seiner Nutzerprofile. So bietet *Diigo* seinen Nutzern die Möglichkeit, sehr ausführliche Profile anzulegen. Diese Profile sind fast immer für andere Nutzer einsehbar. Unter anderem sehen sie auch Angaben zu der eigenen Branche vor. Und obwohl selten genaue Berufsbezeichnungen gemacht werden, liefern die Angaben zu der Branche in Verbindung mit der Summe persönlicher Bookmarks interessante Aufschlüsse über den Menschen hinter dem Profil.

Beim Aufruf eines Nutzerprofils oder der Bookmarks eines Nutzers zeigt *Diigo* nicht einfach eine Liste mit den Lieblingsseiten in chronologischer Reihenfolge. Vielmehr wird mit Hilfe einer Tagcloud* (Wortwolke) deutlich gemacht, für welche Themen sich der Nutzer mit welcher Intensität interessiert. Bewegt sich jemand überwiegend auf Webseiten zum Thema *„ASP.NET-Entwicklung"*, wird das Stichwort ASP.NET in der Tagcloud besonders deutlich hervorgehoben. Ihnen gewährt diese Funktion von *Diigo* einen schnellen Einblick in die Interessen eines Nutzers und ermöglicht so eine bessere Einschätzung seiner Person.

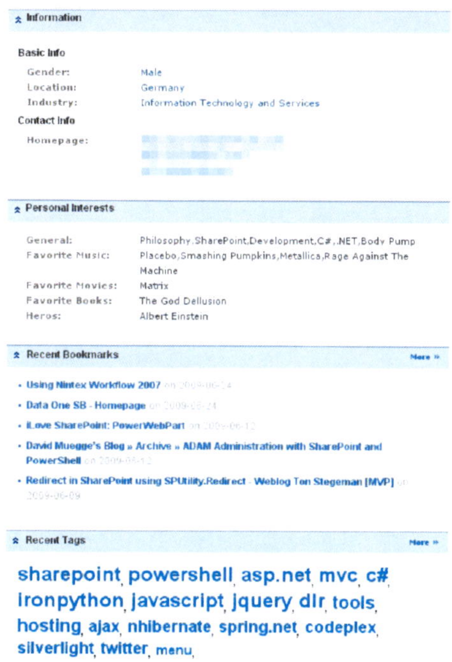

Diigo - Auszug aus einem Nutzerprofil

Diese Möglichkeit, die Interessensschwerpunkte einer Person anhand der verwendeten Quellen im Internet zu erkennen, bietet keine Profilbörse, kein soziales Netzwerk und erst recht keine gewöhnliche Bewerbung. In den sozialen Netzwerken finden Sie zwar im besten Fall eine Aneinanderreihung von Qualifikationen und Interessen. Sie können im Vorfeld jedoch nicht einschätzen, was wirklich hinter den Angaben steckt. Wie authentisch ist die fachliche Selbstbeschreibung? Wie intensiv beschäftigt sich jemand tatsächlich mit den Themen, die im Profil angeführt werden?!

Diigo ermöglicht Ihnen genau das, was dieses Tool aus unserer Sicht so einzigartig macht.

Im Moment lassen sich nach unserer Recherche allerdings erst etwa 3.000 Nutzer aus Deutschland lokalisieren. International ist *Diigo* allerdings schon wesentlich besser aufgestellt.

5.6.1.3 Kandidatenrecherche

Der einfachste Weg zu den *Diigo*-Nutzerprofilen ist die erweiterte interne Personensuche (Advanced People Search: **diigo.com/people/search/advance**). Neben der Suche nach Namen sind für die Mitarbeitersuche vor allem die Felder *Industrie*, *Tags** (Stichpunkte), *Country* und *City* interessant.

Anhand dieser Optionen sind nun unterschiedliche Suchkombinationen denkbar, z.B. *Land* und *Industrie* oder *Land* und *Tags*, um auf die Profile interessanter Kandidaten zu gelangen. Wir empfehlen, die Suche zu Beginn nicht allzu stark einzuschränken, denn die Zahl der deutschen Nutzer ist derzeit noch sehr übersichtlich.

Anwendungsbeispiel

Eingabe

Country: Germany
Tags: Programmierung

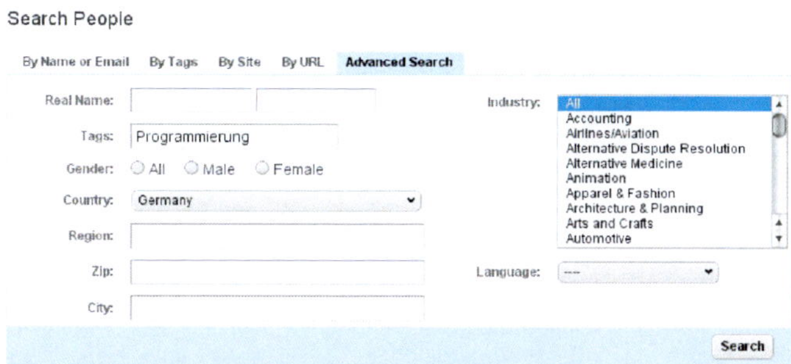

Diigo - erweiterte Suche

So erhalten Sie Profile von Menschen aus Deutschland, die zumindest eine ihrer Bookmarks mit dem Stichpunkt „*Programmierung*" versehen haben. Im zweiten Schritt können Sie nach dem Aufruf des Profils auf das Stichwort „*Programmierung*" in der Tagcloud klicken. So gelangen Sie zu der Liste mit Ressourcen, die dieser Nutzer im Zusammenhang mit dem Stichwort besucht hat. Anschließend müssen Sie entscheiden, ob diese Informationen genügend Relevanz aufweisen, um eine Entscheidung über eine Erstansprache oder Nicht-Ansprache zu ermöglichen. Eine Kontaktaufnahme über *Diigo* ist problemlos und uneingeschränkt möglich.

Liegen Ihnen noch nicht genug Informationen für eine Entscheidung vor, bietet *Diigo* den Vorteil, dass *Diigo*-Nutzerprofile sehr häufig mit dem echten Namen versehen sind, den Sie bei Bedarf zur Recherche nach weiterführenden Informationen und Kontaktdaten (weitere Online-Profile, Telefon, E-Mail) nutzen können.

Diigo-Profile werden, wenn von den Nutzern erwünscht, auch von Websuchmaschinen indiziert. Dies trifft zwar nicht auf die Mehrheit zu, einige lassen sich aber mit *Google* und der nachfolgenden Suchkette extern durchsuchen.

Anwendungsbeispiel

Eingabe: site:diigo.com inurl:profile Ihre Stichpunkte

Hierbei empfehlen wir die Suche nach Tags, also Stichworten, mit denen die Bookmarks versehen sind. Die Nutzung von deutschen Stichworten ist die einzige Möglichkeit, um bei der Suche von außerhalb zwischen deutschen und internationalen Profilen zu unterscheiden. Insgesamt betrachtet bietet die Nutzung der externen Suche allerdings keine besonderen Vorteile gegenüber der internen Suche über *Diigo*.

Gruppen

Eine weitere, für die Suche nach deutschsprachigen Spezialisten noch eher theoretische, Möglichkeit ist die Suche über die *Diigo*-Gruppen (Direktlink: **groups.diigo.com**). Hier schließen sich Nutzer mit einem gemeinsamen Interesse zusammen. Sie sammeln und tauschen Bookmarks zu einem bestimmten Thema aus. Mit Hilfe der Gruppensuche können Sie nach Gruppen mit den für Sie relevanten Schwerpunkten suchen.

Diigo - Gruppensuche mit Beispieleingabe und Auszug aus der Trefferliste

Anschließend können Sie innerhalb der Gruppe nach interessanten Kontakten Ausschau halten. Dieser Weg konnte allerdings noch nicht ausführlich getestet werden, da es bisher keine deutschsprachigen Gruppen zu geben scheint. Für internationale Suchaufträge ist diese Option aber durchaus interessant.

5.6.2 Flickr [www.flickr.com]

5.6.2.1 Einführung

Bei der international wie in Deutschland recht bekannten Foto-Community* *flickr.com* denkt man nicht unbedingt an die Möglichkeit der Personalsuche. Schließlich ist *Flickr* in erster Linie dafür da, eigene Fotoarbeiten online zu speichern, anderen Menschen zugänglich zu machen und sich mit diesen Menschen über eigene und fremde Arbeiten auszutauschen. *Flickr* ist eine sehr aktive Community mit sehr vielen Mitgliedern. Genau das macht *Flickr* zu einer prüfenswerten Informationsquelle. Denn, wo sich viele Menschen aufhalten, lassen sich bei genauem Hinsehen und mit den richtigen Techniken fast immer interessante Kandidaten aufspüren.

5.6.2.2 Möglichkeiten der Personalsuche

Tatsächlich enthalten ziemlich viele Nutzerprofile bei *Flickr* Angaben zu den beruflichen Tätigkeiten der Fotoliebhaber. Und genau nach diesen Angaben lässt sich *Flickr* recht gut durchsuchen. Da neben dem Beruf auch Angaben zum Ort vorhanden sind, ermöglicht die Kombination dieser beiden Angaben eine hinreichend gezielte Suche nach potentiellen Kandidaten. Es muss an dieser Stelle jedoch gleich bemerkt werden, dass die meisten *Flickr*-Nutzer recht sparsam bei der Angabe ihrer echten Namen sind und meist ein Alias vorziehen. Dieser Umstand erschwert die weiterführende Recherche nach zusätzlichen Informationen und Kontaktdaten außerhalb von *Flickr*. Glücklicherweise ist zumindest die Kontaktaufnahme über *Flickr* selbst problemlos möglich.

Eine weitere, aber eher für experimentierfreudige Nutzer geeignete Möglichkeit, bei *Flickr* nach Kandidaten zu suchen, ist die Suche nach Bildern zu bestimmten Themen bzw. Ereignissen wie z.B. nach Abschlussjahrgängen, Firmenteams usw.. Mit einer guten Intuition und etwas Glück findet man so tatsächlich ganze Firmenteams samt Namen. Die so gewonnen Informationen dienen dann als Grundlage für die Recherche in anderen Quellen.

Zuletzt sollten Sie auch den *Flickr*-Gruppen ein wenig Ihrer Aufmerksamkeit widmen. Es tauchen immer mehr Gruppen in deutscher Sprache auf, in denen sich z.B. Mitarbeiter eines bestimmten Unternehmens, Organisationen oder einfach Menschen mit ähnlichen Interessen zusammenfinden. In relevanten Gruppen gefundene Personen können sich als interessante Kontakte entpuppen oder Ihnen bei der Kontaktaufnahme innerhalb ihres Bekannten- oder Kollegenkreises behilflich werden.

Neben diesen aktiven Suchmethoden ist auch die Schaltung einer „Stellenanzeige" in Form eines Bildes eine denkbare Option, so dass Nutzer, die nach Bildern zu bestimmten Themen suchen, von ganz alleine auf Ihr Angebot aufmerksam werden. Wichtig ist hierbei vor allem das Angebot entsprechend vielseitig zu taggen*, d.h. mit beschreibenden Stichworten zu versehen.

5.6.2.3 Kandidatenrecherche

Die praktische Umsetzung der oben erläuterten Methoden ist relativ einfach.

Das Durchsuchen von *Flickr*-Profilen kann sowohl intern als auch extern vorgenommen werden.

Externe Kandidatenrecherche

Für das externe Durchsuchen mit *Google* verwenden Sie die folgende Basis-Kette:

Eingabe: site:flickr.com inurl:people "Beruf" hometown "Stadt"

also z.B.

Eingabe: site:flickr.com inurl:people Programmierer hometown Berlin

Rufen Sie anschließend die *Flickr*-Profile über die Links der Ergebnisliste auf. Die für Sie relevanten Informationen befinden sich im unteren Teil der geladenen *Flickr*-Profile. Bei Interesse an so gefundenen Personen nehmen Sie Kontakt über die Funktion *„Flickr Mail senden"* auf.

Flickr - Auszug aus einem Nutzerprofil

Interne Kandidatenrecherche

Mit der internen *Flickr*-Mitglieder-Suche können Sie Nutzerprofile neben Namen und E-Mail- Adressen auch nach Interessen durchsuchen. Das ist eine tolle Möglichkeit, wenn Sie nach Menschen suchen, bei denen der Beruf mit gewissen Freizeitinteressen einhergeht (häufig z.B. im Bereich IT) und Ihnen Interessen mit Berufsbezug einfallen. Wie wäre es z.B. mit *„Programmieren"*. Die Zahl der Ergebnisse ist nicht gerade überwältigend. Aber immerhin. Ihre Liste möglicher Kandidaten ist länger geworden.

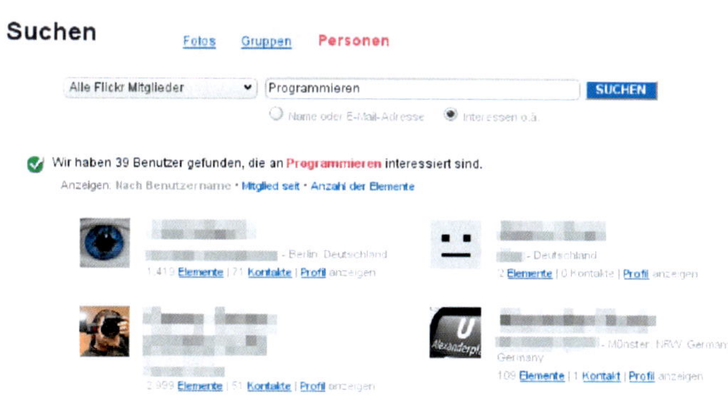

Flickr - Mitgliedersuche mit Auszug aus der Trefferliste

Fotos

Die Suche nach Bildern zu bestimmten Ereignissen und Themen ist ein gutes Stück abenteuerlicher. Wählen Sie in der *Flickr*-Suche *„Fotos"* mit der Option *„Uploads von allen"* aus. Versuchen Sie nun nach Berufsbezeichnungen zu suchen, z.B. Berater, Programmierer usw., anschließend probieren Sie es mit Firmennamen oder Organisationen. Mit viel Glück erhalten Sie Ergebnisse, die Sie bei Ihren Nachforschungen weiterbringen. Grundsätzlich sind die Erfolgsaussichten dieser Methode bei der Suche nach internationalen Kandidaten (vor allem in den USA) aufgrund der breiteren Nutzerbasis wesentlich besser.

Gruppen

Flickr-Gruppen durchsuchen Sie am besten mit der internen *Flickr*-Suche, zu der Sie durch einen Klick auf die Registerkarte *„Gruppen"* gelangen.

Flickr - Gruppensuche mit Beispieleingabe und Auszug aus der Trefferliste

Dabei haben Sie die Optionen zwischen der Suche in den Gruppennamen und Beschreibungen bzw. der Suche in den Gruppendiskussionen selbst. Experimentieren Sie mit beiden Möglichkeiten und testen Sie, ob für Ihren Suchauftrag bereits relevante Gruppen existieren. Grundsätzlich ist auch diese Methode für Suchaufträge innerhalb Deutschlands noch nicht wirklich einträglich und hat daher eher experimentellen Charakter.

Im Rahmen der aktiven Suche bei *Flickr* sollten Sie in erster Linie auf die Suche nach Ort und Beruf bzw. Interessen setzen. Thematische Bildersuche und Gruppensuche sind eher Zukunftsmusik. Diejenigen unter Ihnen, die die Rekrutierung von Fachkräften zu Ihren Alltagstätigkeiten zählen, sollten allerdings rechtzeitig mit dem Experimentieren beginnen.

Passive Suche

Die Möglichkeit zur passiven Suche mit Stellenanzeigen ergibt sich aus der Tatsache, dass Menschen, die bei *Flickr* nach Bildern suchen, bestimmte Suchbegriffe verwenden. Diese Suchbegriffe werden mit den Beschreibungen und Tags* der bei *Flickr* platzierten Bildern abgeglichen.

Nehmen wir an, Sie haben eine Stelle für einen Tragwerksplaner zu vergeben und hoffen, dass es Tragwerksplaner gibt, die sich in ihrer Freizeit gerne Bilder zum Thema Tragwerksplanung, Statik, Ingenieurbau oder Architektur anschauen.

Schießen Sie also einen Screenshot von Ihrer Anzeige, laden das Bild bei *Flickr* hoch, kopieren Sie den Anzeigentext in die Bildbeschreibung und geben Sie zusätzlich alle relevanten Stichpunkte als Tags ein. Schon erscheint Ihr Stellenanzeigen-Bild bei allen Suchanfragen mit entsprechenden Suchbegriffen. Testen Sie bei Bedarf die Auffindbarkeit Ihrer Anzeige und erweitern Sie die Beschreibung um zusätzliche Stichpunkte. Falls Ihr Bild über die allgemeine Suche nicht auffindbar ist, prüfen Sie ob Sie die *Flickr*-Richtlinien erfüllen.

5.6.3 YouTube [www.youtube.com]

5.6.3.1 Einführung

Eine weitere äußerst bekannte Plattform, die für die Personalsuche „zweckentfremdet" werden kann, ist die Video-Hosting-Plattform *YouTube*. Die Profile einiger *YouTube*-Nutzer enthalten Angaben zu ihrem Alter, Wohnort, Beruf und in einigen Fällen den Namen des Arbeitgebers. Diese Daten sind Grund genug, um sich mit *YouTube* etwas genauer zu beschäftigen.

5.6.3.2 interne Kandidatenrecherche

Das interne *YouTube*-Suchsystem ist auf die Suche nach Videos ausgelegt. Das Durchsuchen der Nutzerprofile nach relevanten Informationen kann daher im Moment nur über eine externe Suchmaschine realisiert werden.

Dabei ist aus unserer Sicht in erster Linie die Suche nach einem Beruf in Kombination mit einem Ort sinnvoll. Verwenden Sie dazu die folgende *Google*-Suchkette als Muster:

site:youtube.com inurl:user occupation: Programmierer city: Hamburg

Wundern Sie sich nicht über die sehr überschaubare Zahl der Ergebnisse. Wenn Sie das Gefühl haben, dass aufgrund der Verwendung der Ortsangabe relevante Ergebnisse ausgelassen werden, reduzieren Sie die Kette auf den Beruf.

site:youtube.com inurl:user occupation: Programmierer

Auch so bleibt die Zahl der Ergebnisse übersichtlich. Doch immerhin haben Sie mit einem Aufwand von wenigen Minuten zusätzliche Kandidatenprofile gewonnen.

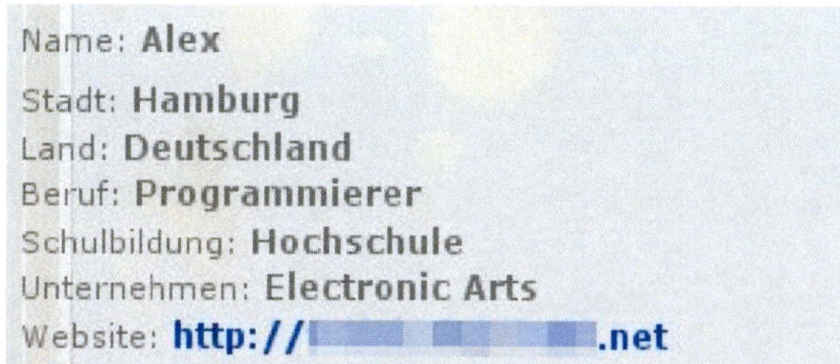

YouTube - Gruppensuche Auszug aus einem Nutzerprofil

Eine weitere Option ist die Suche nach Interessen. Hier die Muster-Suchkette für *Google*:

Eingabe: site:youtube.com inurl:user "hobbies:php"

Verwenden Sie bei dieser Suche englischsprachige Begriffe (php, java, design, script usw.), muss auf die Unterscheidung zwischen deutschen und internationalen Profilen geachtet werden. Das kann über die Ortsangabe oder allgemeiner über das Land geschehen.

Eingabe: site:youtube.com inurl:user "hobbies:php" "country:germany"

Beachten Sie die englischsprachigen Feld-Bezeichnungen in den Ketten. Auch wenn in den Profilen deutsche Übersetzungen angezeigt werden, kann die externe Suche nur mit diesen englischen Begriffen erfolgen.

Möchten Sie eine bei *YouTube* gefundene Person ansprechen, nutzen Sie die Funktion *„Nachricht senden"* im Profil des Nutzers. Sie benötigen dafür einen eigenen *YouTube*- bzw. *Google*-Account*.

5.6.3.3 passive Kandidatenansprache

Für die passive Suche bietet *YouTube* Unternehmen tolle Möglichkeiten. Sie können Videos hochladen und vermarkten. Erfolgreiche Videos können heute für sehr viel Aufmerksamkeit sorgen (Stichwort: virales Marketing*). Eine Online-Video Kampagne ist allerdings ein anspruchsvolles Unterfangen, vor allem wenn ein ganz bestimmter Zweck erfüllt werden soll. Planen Sie Ihr Video-Personalmarketing also sorgfältig und holen Sie sich bei Bedarf externen Rat.

5.7 Blogs

5.7.1 Einführung

Blogs sind aus dem Web kaum noch wegzudenken. Sie prägen die Kommunikation und Verbreitung von Informationen im Internet entscheidend mit und sind zu einem festen Bestandteil der Medienlandschaft geworden.

Die Bloggerszene in Deutschland erfreut sich nicht nur einer stetig wachsenden Lesergemeinde, auch die Zahl der aktiven Blogger steigt beständig. Immer mehr Menschen unterschiedlichster Berufe, vom Türsteher bis zum Universitätsprofessor, betreiben ein eigenes Blog, um die interessierte Öffentlichkeit an eigenen Gedanken, Meinungen, Interessen und Informationen teil haben zu lassen. Laut einer Studie des Allensbacher Instituts für Demoskopie von 2007 bloggen 8,4 Prozent aller deutschen Internetnutzer zwischen 14 und 64 Jahren mehr oder weniger regelmäßig. Die Personalsuche in Blogs ist aufgrund dieses Umstands eine naheliegende Option. Wenn immer mehr Menschen in Blogs personenbezogene Informationen öffentlich machen, muss es auch möglich sein, anhand dieser Informationen wechselwillige Fachkräfte ausfindig zu machen und anzusprechen. Dies gilt umso mehr, als Blogs sich zum einen mit bestimmten Themen beschäftigen und zum anderen von Menschen mit bestimmten (beruflichen) Eigenschaften betrieben werden.

Daraus ergeben sich zwei Suchansätze zur Identifizierung potentieller Kandidaten in Blogs. Zum einen liegt der Gedanke nahe, gezielt nach Bloggern mit bestimmten Berufen zu suchen. Zum anderen besteht die Möglichkeit, nach thematisch relevanten Artikeln zu fahnden und sich über diese Artikel interessanten Einzelpersonen bzw. Personenkreisen zu nähern. Denn gerade über Blogartikel kann man eine Menge über die Autoren in Erfahrung bringen. Einem aufmerksamen Leser geben Blogartikel unter Umständen aufschlussreiche Anhaltspunkte zur Denkweise, Ausbildungshintergrund und Ausdrucksweise der Autorin oder des Autors.

So vielversprechend diese Aussichten sind, so komplex gestaltet sich allerdings die effektive Suche nach Personen und konkreten personenbezogenen Informationen in dem Medium Blog. Blogs sind technisch gesehen gewöhnliche Internetseiten und haben bei der Erfassung durch allgemeine Websuchmaschinen (*Google*, *Yahoo!*, *Bing*) keinen besonderen Status. Die erste Herausforderung bei der Personalsuche in Blogs besteht deswegen darin, die Blogs aus der Gesamtheit der in den Suchmaschinendatenbanken indexierten Webseiten herauszulösen. Die zweite Hürde besteht anschließend darin, innerhalb der Blogs gezielt berufsbezogene Daten zu finden. Da die biografischen Angaben der Blogger keinem bestimmten Muster unterliegen, sondern vollkommen freiwillig und willkürlich gemacht werden, unterscheiden sie sich hinsichtlich ihrer Darstellung und Vollständigkeit von Fall zu Fall sehr stark voneinander (z.B. „Ingenieur, „Ich bin Dipl.-Ing. ..., „Ich habe mein Maschinenbau-Studium 1997 abgeschlossen usw.).

Hinsichtlich der Lösung der ersten Herausforderung steht man vor der Wahl, je nach Herangehensweise entweder auf eine mehr oder weniger große Zahl von Blogs zu verzichten, oder aber sich mit vielen irrelevanten Ergebnissen zu quälen. Die zweite Hürde lässt sich je nach Fall durch Logik, Experimentierfreudigkeit, Glück und im ungünstigsten Fall nur durch hohen Zeiteinsatz lösen. Aufgrund der Komplexität der Blogsuche beschränken wir uns im Folgenden auf allgemeingültige Ansätze. Konkrete Beispiele sind wenig lohnenswert, da der Erfolg Ihrer Blogsuche sehr stark von Ihren Ausgangsvoraussetzungen und dem von Ihnen gesuchten Personenkreis abhängt. Letztendlich erfordert es einfach einige Übung, um die Personalsuche in Blogs effizient zu beherrschen. Im Allgemeinen erachten wir zwei Wege der Blogsuche als sinnvoll: das Durchsuchen mit Blogsuchmaschinen und mit allgemeinen Websuchmaschinen (*Google* & Co).

5.7.2 Kandidatenrecherche mit der Google Blog-Suche

Blogsuchmaschinen bieten den Vorteil, tatsächlich nur Blogs in ihrem Datenbestand zu haben. Man muss die Blogs also nicht zuerst isolieren und spart so einen Arbeitsschritt. Der Nachteil ist jedoch, dass Blogsuchmaschinen bei Weitem nicht alle Blogs einer Sprache bzw. eines Landes erfassen. Denn die Erfassung erfordert häufig die manuelle Eintragung des Blogs in die Datenbank der Blogsuchmaschine. Eine weitere Schwäche liegt in den im Vergleich zu den allgemeinen Websuchmaschinen meist schwächeren Suchsystemen (beschränkte oder fehlende Unterstützung von Booleschen und erweiterten Operatoren). Die von uns bevorzugte Blogsuchmaschine ist wegen ihrer Geschwindigkeit und ihrer Nutzerfreundlichkeit die *Google Blog-Suche*.

Mit der *Google Blog-Suche* können explizit deutsche, aber auch internationale Blogs bzw. Blogartikel durchsucht werden. Dabei erfasst die *Google Blog-Suche* derzeit über 1,5 Milliarden Artikel. Im Gegensatz zu vielen anderen Blogsuchmaschinen (wie *Technorati, Icerocket, Socialmention* usw.) unterstützt sie Boolesche Operatoren*, Phrasensuche und Platzhalter (OR, AND, NOT, +, -,"", (), *). Außerdem bietet sie einige der erweiterten *Google*-Operatoren (*link:, site:* und *intitle:*) und spezielle Blog-Suchoperatoren (*inblogtitle:*- durchsucht Blogtitel, *inposttitle:*- Artikeltitel, *postauthor:*-sucht nach Artikeln eines Autors, *blogurl:*- Suche innerhalb eines konkreten Blogs). Beispiel: Sie suchen Kandidaten im Bereich Tragwerksplanung inposttitle:Tragwerksplanung.

Blogsuche - Google Blog-Suche mit Beispieleingabe

Blogsuche - Google Blog-Suche mit Auszug aus der Trefferliste

Wie Sie sehen, sind einige wenige nützliche Ergebnisse dabei, wie z.B. von Mitarbeitern verfasste Firmenblogs, die sich als Ausgangspunkt einer Suche eignen. Da die Ergebnisliste aber noch immer zahlreiche unbrauchbare Treffer, wie z.B. Stellenangebote, beinhaltet, gilt es im nächsten Schritt die Zahl der relevanten Treffer durch die Hinzunahme geeigneter Keywords zu erweitern und gegenstandslose Ergebnisse herauszufiltern.

inposttitle:Tragwerksplanung OR inposttitle:Tragwerksplaner OR inposttitle:Statiker OR inposttitle:Statik -stellenangebot -"m/w" -"w/m" -"/in"

Nach diesem Prinzip können Sie Ihre Suche nach relevanten Artikeln und nach Menschen, die dafür verantwortlich sind, beliebig erweitern und verfeinern. Der Erfolg hängt jedoch gerade bei der Blogsuche stark vom Einzelfall ab.

5.7.3 Kandidatenrecherche in Blogs mit der Google Web-Suche

Der Vorteil der allgemeinen *Google*-Suche gegenüber der *Google*-Blogsuchmaschine ist durch die Verfügbarkeit zusätzlicher Suchoperatoren bedingt. Der Nachteil liegt in der Notwendigkeit, Blogs zuerst aus der Gesamtdatenmenge der Suchmaschine extrahieren zu müssen, um ausschließlich innerhalb der Blogs suchen zu können. Am effektivsten ist es, sich bei der Suche auf gehostete Blogs zu beschränken. Das heißt auf Blogs ohne eigene Domain* (www.domainname.de), die auf Blogplattformen abgelegt sind. Die Adressen solcher Blogs folgen einem Muster (meist blogname.blogplattform.de) und können daher einfach extrahiert werden. Die Tatsache, dass die Namen der Blogplattformen in der URL* enthalten sind und *Google* die Fähigkeit hat, nach bestimmten URLs zu suchen, macht das möglich. Über die folgende Suchkette haben Sie im ersten Schritt mehr als 92 Millionen Blogs extrahiert.

Eingabe: site:*.wordpress.com OR site:*.blog.de OR site:*.blogspot.com OR site:xanga.com/* OR site:*.vox.com OR site:*.blogger.com

Nun können sämtliche Artikel dieser Blogs nach bestimmten Stichpunkten oder ganzen Phrasen durchsucht werden.

Eingabe: site:*.wordpress.com OR site:*.blog.de OR site:*.blogspot.com OR site:xanga.com/* OR site:*.vox.com OR site:*blogger.com Tragwerksplanung

Blogsuche - Google Web-Suche mit Auszug aus der Trefferliste

Eine weitere Option besteht darin, gezielt in den Autorenbeschreibungen nach Berufsbezeichnungen zu suchen. Denn würde man alle Blogartikel nach beispielsweise *„Dipl. Ing.“* oder *„Ingenieur“* durchsuchen, kämen viel zu viele nutzlose Ergebnisse zusammen. Sie müssen *Google* also anweisen, lediglich auf bestimmten Seiten innerhalb eines Blogs zu suchen. Zum Glück gibt es auch ein Muster in Zusammenhang mit Autorenbeschreibungen. Die meisten dieser Seiten haben ähnliche Adressen.

Betrachten Sie die folgende Kette: **site:*.wordpress.com OR site:*.blog.de OR site:*.blogspot.com OR site:xanga.com/* OR site:*.vox.com OR site:*.blogger.com** *inurl:impressum OR inurl:about OR inurl:"über mich" OR inurl:"ueber mich" OR inurl:"profil" OR inurl:profile*

Der fett gedruckte Teil extrahiert die Blogs und der kursive Teil extrahiert die passenden Seiten aus den Blogs. Diese eingeschränkte Datenmenge können Sie jetzt nach berufsbezogenen Angaben durchsuchen.

Anwendungsbeispiel

Eingabe: site:*.wordpress.com OR site:*.blog.de OR site:*.blogspot.com OR site:xanga.com/* OR site:*.vox.com OR site:*.blogger.com inurl:impressum OR inurl:about OR inurl:"über mich" OR inurl:"ueber mich" OR inurl:"profil" OR inurl:profile Maschinenbau

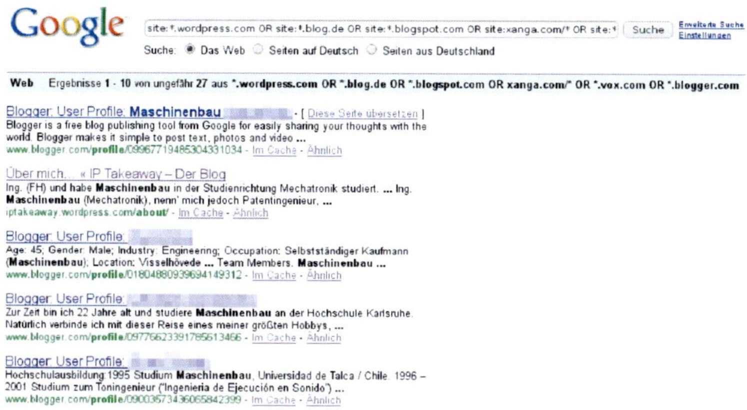

Blogsuche - Google Web-Suche mit Auszug aus der Trefferliste

Wie Sie feststellen, erhalten Sie durch diese Suche eine überschaubare Zahl von Ergebnissen. Mit ein wenig Glück finden sich ein paar interessante Hinweise darunter. Der Erfolg der Blogsuche hängt stark vom konkreten Fall ab. Mit den hier angeführten Ketten haben Sie die Möglichkeit, ohne große Umstände einige schnelle Suchen in Millionen von Blogs durchzuführen. Die Suche in Blogs als die ultimative Methode der Personalsuchmethode zu bezeichnen, wäre verfrüht. Auf diesen Datenpool bei der Personalsuche ganz zu verzichten, wäre jedoch aufgrund seiner Größe ebenso falsch.

5.8 Twitter [www.twitter.com]

5.8.1 Einführung

Im selben Augenblick, in dem Sie diese Zeilen lesen, finden weltweit etwa 6,7 Mrd. weitere Aktionen statt. Ideen, Träume, Sorgen und neue Ziele jagen Milliarden von Menschen jede Sekunde durch den Kopf. Jemand hat etwas tolles gefunden, jemand sieht fern, jemand will ausgehen und jemand anderes hat gerade ein neues Auto gekauft oder im Lotto gewonnen. Eine junge Frau aus Ohio will den Rest des Tages einfach ausspannen. Ein Mann mittleren Alters aus Berlin hat zum ersten Mal die Video-Chat-Anwendung von

Google ausprobiert. Und ein kleines Start-Up aus einer mitteldeutschen Kleinstadt startet die kostenlose Beta-Version einer zukunftsträchtigen Workflow-Management-Plattform und lädt alle zum Test ein. Und vielleicht tut jemand genau dasselbe wie Sie und ähnelt Ihnen sogar in seiner Lebenseinstellung und seinen Interessen.

Die Möglichkeit, das herauszufinden und an den Gedanken und Taten fremder Menschen teilzunehmen bietet der Microbloggingdienst *Twitter* (engl. f. „Gezwitscher"), der sich seit seiner Einführung im Jahr 2006 weltweit und inzwischen auch in Deutschland immer größerer Beliebtheit erfreut. Die Idee ist einfach: Es gibt weltweit eine gewisse Zahl von Menschen, deren Alltag, Ideen oder Gedanken usw. eine andere Zahl von Menschen aus verschiedensten Gründen (freundschaftlich, beruflich, politisch, ideologisch usw.) interessieren. *Twitter* ermöglicht es jedem, an der (Gedanken-)Welt der jeweils interessanten Menschen aus aller Welt zeitnah teilzuhaben, ob von Zuhause, von der Arbeit, oder von Unterwegs. „Die ganze Welt im eigenen Wohnzimmer, Büro oder in der eigenen Hosentasche! " sozusagen. Nur wesentlich besser, denn man ist nicht gezwungen, alle diese tollen interessanten Menschen tatsächlich gleichzeitig bei sich zu empfangen.

Die genaue Zahl der *Twitter*-Nutzer ist nicht einfach zu bestimmen. Man geht von weltweit über 15 Millionen Nutzern aus. In Deutschland waren es im Juni 2009 etwa 125 Tsd. Die Tendenz ist steigend. *Twitter* ist 2008 um 1400 Prozent gewachsen.

Um *Twitter* benutzen zu können, benötigt man lediglich einen Internetzugang und ein internetfähiges Gerät (Desktop-PC, Laptop oder Mobile Device (bspw. Smartphone)) mit einem beliebigen Browser* (Firefox, Safari, Opera, Chrome usw.). Die Anwendung ist praktisch selbsterklärend und die Bedienung sehr einfach. Nach der kurz und übersichtlich gehaltenen Registrierung und der (optionalen) Eingabe einer Kurzinfo *„Bio"* zur eigenen Person, kann man umgehend mit dem Aufbau seines „Weltwohnzimmers" beginnen. Die Kommunikation erfolgt über Kurzmitteilungen von maximal 140 Zeichen Länge. So ist man gezwungen, auf den Punkt zu kommen. Für die ersten Kontakte bieten sich zunächst vier Optionen an.

1. Man „lauscht" ab und an dem allgemeinen „Gezwitscher" - d.h. man liest mit, was die Leute aus aller Welt mitzuteilen (gepostet) haben und sucht sich diejenigen aus, die einem interessant erscheinen.

2. Man teilt der Welt mit, was einen gerade beschäftigt und wartet, bis man von anderen entdeckt wird.
3. Man kennt bereits Leute, die bei *Twitter* sind und folgt (follow) diesen bzw. man lädt Freude ein, bei *Twitter* mitzumachen.
4. Man sucht mit Hilfe der internen Suche z.B. nach Namen oder Orten und arbeitet sich anschließend durch die Ergebnisse und sucht interessante Leute aus.

Nach den ersten Kontakten entwickelt sich das Ganze nach und nach von alleine. Denn Sie werden selbst in die Kontaktliste anderer aufgenommen, was wiederum die Kontakte dieser Kontakte auf Sie aufmerksam macht, und ggf. dazu bewegt Ihnen zu folgen und über die Sie wiederum auf weitere interessante Leute aufmerksam werden. Soviel zu dem ursprünglichen Sinn und der Dynamik von *Twitter*.

5.8.2 Möglichkeiten der Personalsuche

Um die Möglichkeiten von *Twitter* im Bereich Personalsuche zu verstehen, stellen Sie sich am Besten einen einzigen großen Raum vor, in dem die komplette Weltbevölkerung versammelt ist und wild durcheinander redet und laut denkt. Das Gesprochene und das Gedachte bleibt für einige Momente in Raum hängen, bis aktuellere Informationen nachkommen und die älteren immer mehr verblassen lassen. Verwirrend?! Nun stelle man sich vor, dass man imstande wäre, dieses Durcheinander zu speichern und anschließend nach Stichpunkten zu durchsuchen. Diese Vorgehensweise ermöglicht *Twitter*.

Hier bieten sich tolle Möglichkeiten, um nach aktiven und passiven Kandidaten zu suchen. Unter passiven Kandidaten verstehen wir diejenigen, die weder das Internet nach Stellenanzeigen durchsuchen, noch eigene Profile oder Gesuche im Netz platziert haben. Bei vielen der passiven Kandidaten nimmt der Beruf unweigerlich einen bedeutenden Teil ihres Alltags ein. So kann man davon ausgehen, dass Themen rund um den Beruf ab und an in Form von Mitteilung (Posts) bei *Twitter* auftauchen. Es ist möglich, gezielt Ausschau nach Menschen zu halten, die sich unmittelbar oder zu einem anderen Zeitpunkt in der Vergangenheit zu einem für Sie relevanten Thema mitteilen oder mitgeteilt haben. Einige *Twitter*-Nutzer geben bereits durch die Angaben in ihrem Nutzerprofil (Bio) Anhaltspunkte über den ausgeübten Beruf.

Neben den passiven Kandidaten nutzen auch immer mehr aktive Kandidaten *Twitter* und posten offen, dass sie gerade nach einer neuen Herausforderung suchen.

Hat man passende Posts entdeckt, können im zweiten Schritt die „Mitteilungsverläufe" (Timeline) der gefunden Personen genauer nach relevanten Hinweisen analysiert werden. Unter Umständen lassen sich mit den bereits gewonnen Daten weitere Informationen zu den Personen im Internet recherchieren. So lässt sich schnell ein Eindruck gewinnen, ob die gefundenen Personen tatsächlich zu dem Kreis der Menschen gehören, die für eine konkrete Aufgabe im eigenen Unternehmen in Frage kommen.

Ist das der Fall, hat man die Optionen der „Verfolgung" (Follow) und anschließenden Kontaktaufnahme bei *Twitter* (über eine Mitteilung an @Nutzername oder eine private Direktmitteilung). Wenn im Internet weiterführende Daten auffindbar sind, kommt die Kontaktaufnahme über E-Mail oder Telefon bzw. über ein Soziales Netzwerk wie *Xing* in Frage. Allerdings ist eine erste Annäherung über *Twitter* aus unserer Sicht sinnvoller. Im Fall einer Kontaktaufnahme bei *Twitter* ist eine Direktmitteilung (Direct Message, kurz DM) an die interessanten Personen angebracht, in der das eigene Anliegen auf den Punkt gebracht wird. Z.B. eine kurze Vorstellung und ein Link auf die Unternehmensseite oder die Stellenausschreibung. Um eine persönliche Nachricht verschicken zu können, muss die Person allerdings zu Ihren „Followern" gehören.

Twitter ist eine Community*. Bleiben Sie aktiv, und bauen Sie Ihre eigene Community auf. Als aktives Mitglied können Sie grundsätzlich mit mehr Resonanz auf Ihre Kontaktaufnahmen rechnen. Passiv-Nutzer dagegen werden eher ungern gesehen.

Neben der aktiven Suche nach aktiven und passiven Kandidaten besteht für Unternehmen selbstverständlich die Möglichkeit, eigene Stellenangebote bei *Twitter* zu veröffentlichen. Diese Option wird im englischsprachigen Raum inzwischen sehr stark genutzt. Auch in Deutschland nimmt die Zahl der Stellenanzeigen bei *Twitter* nach und nach zu.

Über den Erfolg Ihrer Stellenanzeigen bei *Twitter* entscheiden neben der Nachfrage und der Größe und Qualität Ihres Netzwerkes vor allem die Auffindbarkeit. Alle diese Faktoren haben direkten Einfluss auf die Verbreitung bzw. Reichweite Ihrer Nachrichte. Als Neuling werden Sie zunächst kein Netzwerk haben. Doch denken Sie daran, dass allein schon die Auffindbarkeit Ihrer Anzeigen über das *Twitter*-Suchsystem oder spezialisierte *Twitter*-Jobsuchmaschinen (z.B. jobtweet.de) die Chancen auf die Besetzung erhöhen. Die Auffindbarkeit hängt von der Verschlagwortung mit hashtags* und von der Aktualität Ihrer Anzeigen ab.

Bitte betrachten Sie *Twitter* nicht als eine reine Kandidaten-Quelle, in die Sie nebenbei eintauchen können, um dann schnell wieder zu verschwinden. Die besten Ergebnisse erreichen Sie bei *Twitter* mit einem langfristigen Engagement. Der Aufbau eines Netzwerks bei *Twitter* und regelmäßige Kommunikation kann Ihnen dabei helfen, Ihr Unternehmen zu präsentieren und ganz nebenbei Interesse von potentiellen Mitarbeitern zu wecken. Gute und ausführliche Anleitungen und Strategien für *Twitter* finden Sie ohne Probleme im Netz.

5.8.3 Kandidatenrecherche

Für die Suche nach Hinweisen auf interessante Personen bei *Twitter* und für Schaltung von Anzeigen können einige integrierte und externe Tools* verwendet werden. Die aus unserer Sicht effektivsten sollen hier kurz vorgestellt werden. Wir erheben dabei keinen Anspruch auf die Vollständigkeit. *Twitter* ist eine lebendige Plattform, in deren Umfeld wöchentlich neue spannende Anwendungen entstehen. Es lohnt sich, dran zu bleiben.

5.8.3.1 interne Personensuche

Twitter verfügt über eine integrierte Suche. Diese ist jedoch im Moment auf die Kriterien „*Name*" und „*Location*" beschränkt. Für die gezielte Suche nach Personen, die sich zu konkreten Themen äußern, ist dieses Tool daher nicht zu gebrauchen. Sollten jedoch tatsächlich alle Personen, die einer bestimmten Region zugeordnet werden von Interesse sein, ist die *Twitter*-Suche wohl die schnellste Methode, um zu dem gewünschten Ergebnis zu gelangen. Über die Funktion „*Find People*" in der oberen Leiste gelangt man zu der Maske* „*Search*" und gibt schließlich den oder die Begriffe ein, z.B. „Jan Kirchner".

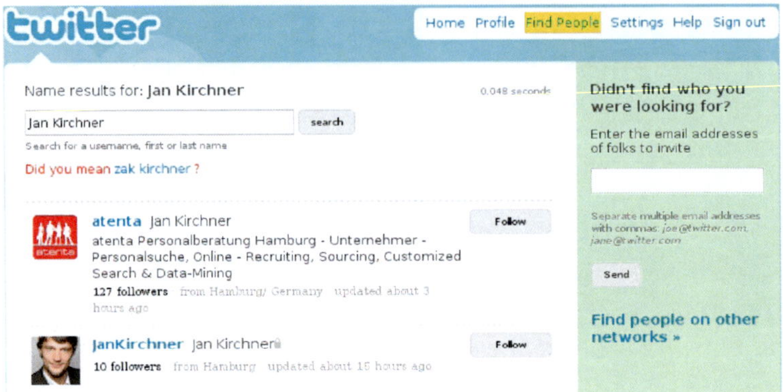

Twitter - Personensuche mit mit Beispieleingabe und Trefferliste

5.8.3.2 erweiterte interne Suche [search.twitter.com]

search.twitter.com ist momentan die populärste Suchmaschine für Twitter. Ursprünglich unter dem Namen „*Summize*" entstanden, wurde das Angebot im Juli 2008 von *Twitter Inc.* aufgekauft und wird in absehbarer Zeit zu einer integrierten *Twitter*-Anwendung umgewandelt werden.

search.twitter.com ist imstande, die Mitteilungen aller *Twitter*-Nutzer in (beinahe) Echtzeit zu durchsuchen und die Ergebnisse chronologisch zu ordnen. Im Moment werden die Ergebnisse der letzten 14 Tage angezeigt, wobei dieser Zeitrahmen in Anhängigkeit vom Datenaufkommen variieren kann. Die „Bios" der Nutzer werden von search.twitter.com allerdings nicht durchsucht.

Ähnlich einer gewöhnlichen Suchmaschine lassen sich mit Hilfe dieses Tools Suchabfragen unterschiedlicher Komplexität durchführen. Für die spontane Schnellsuche eignet sich die Normalsuche. Nur bei Verwendung seltener technischer Begriffe haben Sie beim Einsatz der Schnellsuche Chancen, sofort relevante Ergebnisse zu erhalten. Ansonsten sollten Sie die Ergebnisse im Vorfeld verfeinern.

Arbeiten Sie dazu mit Wortkombinationen und unter „*Advanced Search*" verfügbaren Einschränkungskriterien oder mit Booleschen Operatoren (AND, OR, NOT, "") und speziellen

Twitter-Operatoren, die im Rahmen der „Normalsuche" einzeln oder kombiniert verwendet werden können. Eine Übersicht der *Twitter*-Operatoren finden Sie in der nachfolgenden Tabelle (die Booleschen Operatoren im Kap. 4.1.3.3):

Operator	Finde Beiträge („tweets"), die
php Entwickler	sowohl „php" als auch „Entwickler" enthalten.
"Web Entwickler"	die exakte Phrase „Web Entwickler" enthalten.
Programmierer OR Entwickler	„Programmierer" oder „Entwickler" enthalten.
Programmierer -Stellenangebot	„Programmierer", jedoch nicht „Stellenangebot" enthalten.
#jobsuche	hashtag* (*Twitter* Tag*) „Jobsuche" enthalten.
from:atenta	vom Nutzer „atenta" gesendet wurden.
to:jobtweet	an den Nutzer „jobtweet" gesendet wurden.
@wollmilchsau	in einem Bezug zum Nutzer „wollmilchsau" stehen.
near:"Hamburg"	in der Nähe von „Hamburg" gepostet wurden.
within:15mi	aus einem Umkreis von 15 Meilen um „Hamburg" kommen.
atenta since:2009-08-01	„atenta" enthalten und seit dem „2009-08-01" (1. August 2009) gesendet wurden.
jobtweet until:2009-08-03	„jobtweet" enthalten und bis zum Datum „2009-08-03" gesendet wurden.
Lebenslauf filter:links	„Lebenslauf" und weiterführende URL*-Links enthalten.
Kombination	Marketing #jobsuche oder PHP OR Java near:Hamburg

Twitter - Übersicht der Operatoren

Hier nutzen wir die einfache Suche und verwenden das inzwischen weit verbreitete Hashtag #jobsuche, um Stellengesuche im Bereich Marketing zu finden.

Probieren Sie alternativ die Suche mit „Jobsuche" als einfachem Wort und nicht als Hashtag aus, und vergleichen Sie die Ergebnisse. Es kann durchaus vorkommen, dass die Ergebnisse zum Teil unterschiedlich ausfallen.

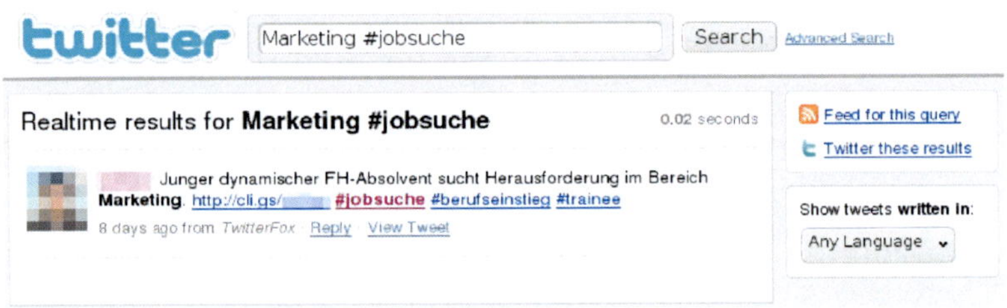

Twitter - search.twitter.com Beispieleingabe mit Auszug aus der Trefferliste

Im Folgenden Beispiel benutzen wir ebenfalls das einfache Suchfeld und die OR-Verknüpfung von PHP OR Java kombiniert mit dem Wort Programmieren, um Nutzer zu finden, die sich entweder über PHP- oder Java-Programmierung unterhalten.

Twitter - search.twitter.com Beispieleingabe mit Auszug aus der Trefferliste

Dieselbe Suchabfrage würde unter Zuhilfenahme der erweiterten Suche *„Advanced Search"* folgendermaßen aussehen.

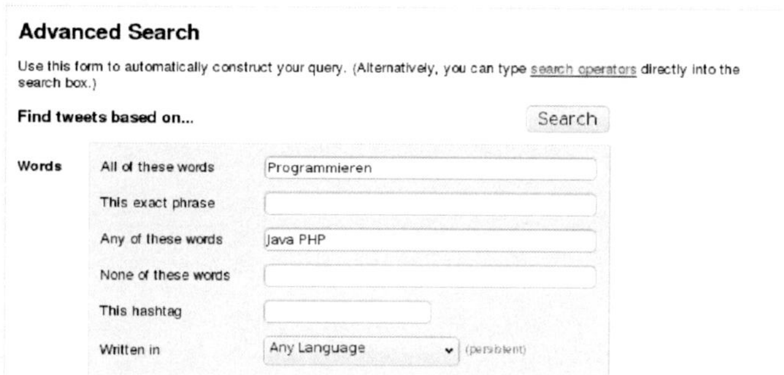

Twitter - search.twitter.com erweiterte Suche

Für den Fall, dass die gewünschten Ergebnisse nicht sofort oder nicht in erhoffter Anzahl gefunden werden (z.B. weil es noch keine oder nur unpassende Beiträge zum gesuchten Thema gab) und eine wiederholte Suche zu einem späteren Zeitpunkt in Betracht gezogen wird, ermöglicht search.twitter.com die Einrichtung von Suchagenten auf Grundlage eines ATOM- oder RSS-Feeds*. Ein Suchagent (Such-Feed) hat den Vorteil, dass die Suche nach einmaliger Einrichtung „automatisch" durchgeführt wird, und sobald neue Ergebnisse verfügbar sind, diese bequem im Feed-Reader* angezeigt werden. Ein Suchagent wird über den Klick auf das Feed-Symbol und anschließendes Abonnieren mit einem beliebigen Feed-Reader eingerichtet.

5.8.3.3 Das Personenverzeichnis „Twellow"

Twellow ist ein sehr nützlicher Suchdienst für *Twitter*, der darauf spezialisiert ist, die Nutzerdaten (Bio, Location, Nutzername, Nickname*) zu durchsuchen. *Twellow* ist im Gegensatz zu search.twitter.com keine Echtzeit-Suchmaschine und greift auch nicht direkt auf die Datenbestände von *Twitter* zu. Vielmehr werden die *Twitter*-Profile (nicht die einzelnen Posts) einer nach dem anderen erfasst, ausgelesen und in der eigenen Datenbank gespeichert. In unregelmäßigen Zeitabständen findet eine Aktualisierung der Daten statt. Daraus ergeben sich allerdings zwei Nachteile: zum einen zeigt *Twellow* nicht die aktuelle Zahl der tatsächlich vorhandenen *Twitter*-Profile an (im Moment sind knapp unter 6 Mio.

Profile bei *Twellow* erfasst). Zum anderen kann es vorkommen, dass die von *Twellow* angezeigten Daten nicht mehr 100 %ig aktuell sind, wenn z.B. ein Nutzer zwischenzeitlich seine Angaben geändert haben sollte. Nichtsdestotrotz können mit *Twellow* ergänzend zu search.twitter.com inzwischen sehr gute Resultate erzielt werden.

Über die Schnellsuche durchsuchen Sie standardmäßig den Bereich „*Bio*". Mit den unten stehenden Befehlen kann die Suche präzisiert werden.

<table>
<tr><th>Operator</th><th>Funktion</th></tr>
<tr><td>&</td><td>Suche nach Profilen, die mehrere Begriffe enthalten, z.B. Webdesigner & Programmierer zeigt alle Profile, die die Stichworte „Webdesigner und „Programmierer aufweisen. Dieselben Ergebnisse erreichen Sie übrigens, wenn Sie & durch ein Leerzeichen ersetzen: Webdesigner Programmierer</td></tr>
<tr><td>|</td><td>Suche nach Profilen, die mindestens einen der gesuchten Begriffe enthalten, z.B. Hamburg | HH.</td></tr>
<tr><td>" "</td><td>Suche nach Profilen, die exakte Phrasen enthalten, z.B. „Personalberater-Blog".</td></tr>
<tr><td>-</td><td>Suche nach Profilen, die bestimmte Begriffe enthalten, andere jedoch auf keinen Fall enthalten dürfen, z.B. Java -Insel.</td></tr>
<tr><td>()</td><td>Suche nach Profilen, die mindestens eine der möglichen Phrasen/ Kombinationen enthalten. Z.B. zeigt (PHP | Java) Entwickler alle Profile, die entweder „PHP-Entwickler" oder „Java-Entwickler" enthalten.</td></tr>
<tr><td>@</td><td>Suche in einem bestimmten Feld. z.B. sucht @bio Personaler sucht nach dem Wort „Personaler" ausschließlich im Feld „Bio". Weitere aktuell verfügbare Felder sind: name, screen_name, location, bio, and extended_bio. Suche in mehreren Feldern gleichzeitig: @ (bio,extended_bio)</td></tr>
<tr><td>Kombination</td><td>Kombinierte Suche, z.B. nach Web-Entwicklern in Hamburg oder aber in ganz Deutschland: (Hamburg | HH) | (Deutschland | Germany) "Web-Entwickler" | "Webentwickler" | "Web Entwickler"</td></tr>
</table>

Twellow - Übersicht der Operatoren

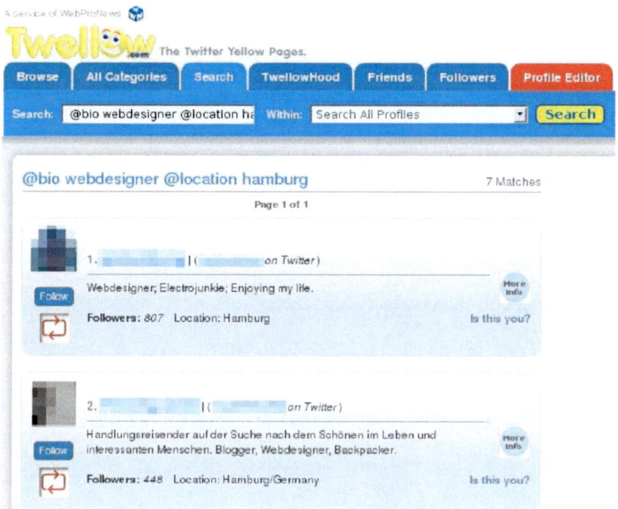

Twellow - Beispieleingabe mit Auszug aus der Trefferliste

Der einzige wirkliche Nachteil von *Twellow* ist die fehlende Möglichkeit, einen RSS-Suchagenten einzurichten.

5.8.3.4 Das Personenverzeichnis „Tweepz"

Tweepz funktioniert ähnlich wie *Twellow*. Es ist eine Suchmaschine, die nach und nach Twitter-Profile in der eigenen Datenbank speichert. Durchsucht werden können hier die Felder „*Bio*, „*Location* und „*Name*. *Tweepz* zählt aktuell etwas über 6 Mio. *Twitter*-Profile und hat hier, ähnlich wie *Twellow*, ein Vollständigkeits- bzw. Aktualitätsproblem. Allerdings scheint *Tweepz* die bereits erfassten Profile regelmäßiger zu aktualisieren. Neben jedem Profil wird angezeigt, wann es das letzte Mal aktualisiert wurde. Auch das Datum der Registrierung bei *Twitter* wird erwähnt.

Der entscheidende Vorteil gegenüber *Twellow* ist jedoch die Möglichkeit, Suchagenten über einen RSS-Feed einzurichten, um sich über neue Suchergebnisse automatisch informieren zu lassen.

Tweepz unterstützt einfache Boolesche Operatoren* und einige eigene, die vernünftig kombiniert die Suche wesentlich vereinfachen können. (Im Gegensatz zu *Twellow* werden standardmäßig alle drei unterstützten Felder „*Bio*, „*Location* und „*Name* zusammen durchsucht.)

Operator	Funktion
AND	Suche nach Profilen, die mehrere Begriffe enthalten, z.B. **Webdesigner AND Programmierer** zeigt alle Profile, die die Stichworte „***Webdesigner*** und „P***rogrammierer*** aufweisen. Dieselben Ergebnisse erreichen Sie übrigens, wenn Sie & durch ein Leerzeichen ersetzen: **Webdesigner Programmierer**
OR	Suche nach Profilen, die mindestens einen der gesuchten Begriffe enthalten, z.B. **Hamburg OR HH**.
" "	Suche nach Profilen, die exakte Phrasen enthalten, z.B. **„Personalberater-Blog"**.
-	Suche nach Profilen, die bestimmte Begriffe enthalten, andere jedoch auf keinen Fall enthalten dürfen, z.B. **Java -Insel**.
()	Suche nach Profilen, die mindestens eine der möglichen Phrasen/ Kombinationen enthalten. Z.B. zeigt **(PHP | Java) Entwickler** alle Profile, die entweder PHP-Entwickler oder Java-Entwickler enthalten.
:	Suche in einem bestimmten Feld. Z.B. sucht **@bio Personaler** nach dem Wort „P***ersonaler***" ausschließlich im Feld „***Bio***". Weitere aktuell verfügbare Felder sind: ***bio,loc,name***. Suche nach dem Wort Personaler in mehreren Feldern gleichzeitig: **bio:Personaler OR name:Personaler**
*	Suche mit Hilfe von Platzhaltern, z.B. **PHP Entwickl*** um nach „***PHP-Entwickler***, „***PHP-Entwicklung***, „***PHP-Entwicklerin*** usw. zu suchen.
NEAR	Mit diesem Befehl lassen sich Begriffe lokalisieren, die nicht weiter als zehn Wörter von einander entfernt sind. Er dient der Kontextsuche. Z.B. findet **bio:(senior NEAR developer)** Personen, deren Bio in einem Abstand von maximal zehn Wörtern die Begriffe „***senior***" und „***developer***" enthält, bspw. „***Senior Web Developer***".

Kombination	Kombinierte Suche, z.B. nach Web-Entwicklern in Hamburg oder aber in ganz Deutschland: **(loc:(Hamburg OR HH) OR (Deutschland OR Germany)) (bio:"Web-Entwickler" OR "Webentwickler" OR "Web Entwickler")**

Tweepz - Übersicht der Operatoren

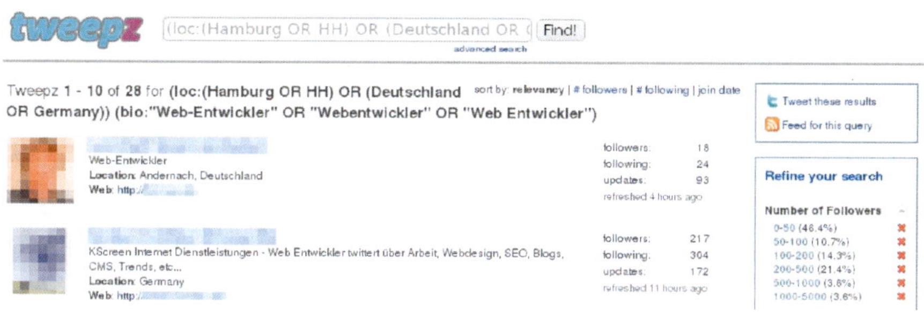

Tweepz - Beispieleingabe mit Auszug aus der Trefferliste

Insgesamt macht *Tweepz* einen sehr guten Eindruck. Es verfügt über eine übersichtliche Oberfläche und ist sehr schnell. Zusätzliche Sortierungsmöglichkeiten für die Suchergebnisse, z.B. nach Sprache, häufig auftretenden Begriffen oder Größe des Follower-Netzwerks sowie die Option eines RSS-Feeds, machen *Tweepz* zu unserem aktuellen Favoriten (als Ergänzung zu search.twitter.com).

5.8.3.5 externe Kandidatenrecherche mit Google

Neben den oben beschriebenen Tools lässt sich auch die *Google*-Web-Suche zum „Scannen" von *Twitter* nutzen. Denn *Twitter*, samt aller Profile, Unterseiten und Posts, wird seit längerem von *Google* sehr zeitnah indiziert. Die flexiblen Suchmöglichkeiten von *Google* ermöglichen, ohne zusätzliche Tools, sehr spezifische und gezielte Suchabfragen der *Twitter*-Daten durchzuführen. Die erzielten Resultate können nach unserer Erfahrung durchaus besser als bei search.twitter.com bzw. *Tweepz* oder *Twellow* ausfallen. Denn search.twitter.com kann nur Posts durchsuchen, die nicht älter als 14 Tage sind, und Profilangaben sind nicht durchsuchbar. *Tweepz* und *Twellow* können dagegen gar keine Posts durchsuchen und haben nur Zugriff auf einen Teil der vorhandenen Profile. *Google* aber macht keinen

Unterschied zwischen Posts und Bios und hat Zugriff auf eine wesentlich größere und ältere Datenmenge als alle zusammen. Die Suchergebnisse lassen sich übrigens über *Google*-Alerts als RSS-Feed oder E-Mail abonnieren. (Hierzu benötigen Sie einen eigenen *Google*-Account*.)

Aus unserer Sicht stellt *Google* die im Moment einzige vorhandene (One-Stop) Lösung dar, wenn man nicht unbedingt Wert auf beinahe 100 %ige Echtzeit-Suche (search.twitter.com) legt und bereits etwas Sicherheit im Umgang mit Suchoperatoren besitzt. Denn die Komplexität bei dem praktischen Einsatz von *Google* für die *Twitter*-Suche besteht eindeutig in der Bildung von treffsicheren Suchketten. Wie bereits erwähnt, speichert *Google* die *Twitter*-Daten, ohne zu unterscheiden, ob es sich um eine Profilseite oder um eine Seite mit Posts handelt. Wollen Sie in diesem riesigen Datenpool gezielt nach Daten aus dem einen oder anderen Bereich suchen, müssen Sie das bei der Kettenbildung berücksichtigen. Im Gegensatz zu anderen sozialen Netzwerken, kann hierbei jedoch kein allgemeingültiger Grundaufbau für die Ketten empfohlen werden. Sie können sich jedoch bei Ihren Experimenten an den beiden folgenden erfolgreich getesteten Beispielen orientieren.

Anwendungsbeispiel

Suchziel: Gezielte Suche über die Profilbeschreibung (Bio) nach einem Programmierer.

Eingabe: site:twitter.com -inurl:statuses Bio *Programmierer

Alternative: site:twitter.com -inurl:statuses Bio *Programmierer "Location *Hamburg"

Twitter - Google Web-Suche mit Auszug aus der Trefferliste

Anwendungsbeispiel

Suchziel: Suche (in den Posts) nach Personen aus Hamburg, die sich mit Java oder Python auskennen. Brauchbare Ergebnisse könnte diese Suchkette bringen

Eingabe: site:twitter.com intext:(python | java) "Location *Hamburg"

Twitter - Google Web-Suche mit Auszug aus der Trefferliste

Hinweis: Wenn Sie einzelne Suchergebnisse bei Google aufrufen wollen, nutzen Sie am besten die „Im Cache" Funktion.

5.8.4 passive Personalansprache über Stellenanzeigen

Auch wenn sich dieses Buch vorrangig mit der aktiven Suche beschäftigt, gehen wir im Fall von *Twitter* besonders gerne auf die Möglichkeit der passiven Suche über Anzeigenveröffentlichung ein. Denn wir sind der Überzeugung, dass der Echtzeit-Charakter dieser Kommunikationsplattform die Verteilungsprozesse auf dem Arbeitsmarkt mittelfristig wesentlich beschleunigen wird. Der heutige Online-Arbeitsmarkt, dominiert von einer Vielzahl von kleinen und großen geschlossenen Datenbanken, Jobbörsen etc. ist ein Auslaufmodell. Zu langsam, zu intransparent und zu teuer. Die Veröffentlichung von Anzeigen im Echtzeit-Web ist dagegen kostengünstig, schnell, einfach, reichweitenstark und bietet nie da gewesene Vorteile, wie bspw. den Multiplikatoreffekt der Communities.

Die Veröffentlichung von Anzeigen bei *Twitter* ist relativ einfach. Wenn Sie einen eigenen Account* haben und Ihre Stellenanzeige(n) bereits auf Ihrer eigenen Internetseite veröffentlicht wurden, lassen sie sich mit einem Post der folgenden Form in den Umlauf bringen:

Stellenangebot Stellenbezeichnung (m/w) in Stadt #jobs http://linkzumstellenangebot.de

Twitter-Sellenangebot

Dieser Standard trägt zu einer guten Auffindbarkeit Ihrer Anzeigen über *Google*, *Bing* und andere allgemeine Suchmaschinen, *Twitter*-Suchmaschinen und spezialisierte Jobsuchmaschinen bei. Wichtig ist auch die Aktualität Ihrer Anzeigen. Es empfiehlt sich, diese regelmäßig (mind. alle 7 Tage) erneut zu veröffentlichen.

Für den Fall, dass Sie keinen *Twitter*-Account* oder einfach keine Zeit haben, sich selbst um die Schaltung von Stellenanzeigen bei *Twitter* zu kümmern, besteht die Möglichkeit, darauf spezialisierte Anbieter zu beauftragen. Die bisher einzige deutsche *Twitter*-Jobsuchmaschine *JobTweet.de* bietet inzwischen einen professionellen Service für Arbeitgeber. So können vor allem Firmen mit einer großen Zahl von Stellenanzeigen von der automatisierten Einspeisung und Verbreitung im sozialen Web profitieren.

Hinweis: JobTweet.de bietet seit Juli 2009 auch die Möglichkeit der aktiven Kandidatenrecherche.

JobTweet - Stellensuche und -veröffentlichung bei Twitter

6. Web 3D - Personalsuche in virtuellen Welten

6.1 Einführung

Bisher ist das Internet den meisten Menschen ausschließlich als ein zweidimensionales Medium bekannt, dessen Inhalt aus Texten, Bildern, Videos und Ton besteht. Aufgrund der technischen Weiterentwicklung hinsichtlich Rechenleistung und grafischer Darstellung werden diese Inhalte in Zukunft auf breiter Front in dreidimensionale, teils interaktive Web-Umgebungen eingebunden werden (können), in das Web3D.

6.1.1 Definition Web3D

Unter dem Begriff Web3D wird ganz allgemein dreidimensionale grafische Darstellung von interaktiven Webanwendungen* verstanden.

Stellen Sie sich zur Veranschaulichung vor, Sie könnten auf der Webseite Ihres Kleidungsgeschäfts der virtuellen 3D-Abbildung Ihrer Selbst (Ihrem sog. Avatar*) die virtuelle 3D-Abbildung eines beliebigen Kleidungsstücks „anziehen". Anschließend könnten Sie in den virtuellen Geschäftsräumen das Aussehen aus unterschiedlichen Perspektiven, sowie unter verschiedenen Lichtverhältnissen betrachten. Während Sie das tun, können Sie sich gleichzeitig per Voicechat* mit einem Kundenberater austauschen.

Second Life - Avatar in einem virtuellen Bekleidungsgeschäft

6.1.2 Virtuelle Welten

Diese technische Weiterentwicklung ermöglicht ein völlig neues Web-Erlebnis und führt seit einigen Jahren zur Entstehung von interaktiven dreidimensionalen Web-Umgebungen, sogenannten virtuellen Welten. Im Gegensatz zu den seit den 90er Jahren bekannten, dreidimensionalen Online-Rollenspielen (MMORPG*), wie z.B. *World of Warcraft*, gibt es in virtuellen Welten kein Ziel, das es spielerisch zu erreichen gilt. Vielmehr lassen sie sich mit sozialen Netzwerken vergleichen, in denen jeder Nutzer seinen eigenen Interessen nachgeht. Die Nutzerbasis besteht vor allem aus berufstätigen Erwachsenen mit ausgeprägter Computer-Affinität, eine für viele Personalsuchende sehr interessante Zielgruppe.

Die aktuelle Web3D-Landschaft besteht aus vielen kleinen und wenigen größeren und technisch fortgeschrittenen Plattformen. Ein Nachteil der derzeitigen Web3D-Plattformen gegenüber den Platzhirschen des Web 2.0 (*Xing*, *LinkedIn*, *Twitter* & Co.) besteht nüchtern betrachtet in der noch relativ geringen Anwenderfreundlichkeit dieser 3D-Welten und der Tatsache, dass für den Zugang eine spezielle Zugangssoftware (Client*) oder ein Browser-Plugin* notwendig ist.

Für den Personalsuchenden ist jedoch nur von Bedeutung, dass der Einzug des Web3D inzwischen, nicht anders als das Web 2.0 und davor Web 1.0, zu einer starken Community*-Bildung geführt hat. Erwachsene Personen verschiedenster Berufe und Nationalitäten bevölkern heute in immer größerer Zahl das Web. Prinzipiell ist jede Community schlicht und einfach ein Kandidatenpool. Web3D ist eine sehr schnell wachsende Community. Die öffentliche Vorstellung von Web3D-Communities wurde in den vergangenen Jahren vorwiegend durch die virtuelle Umgebung *Second Life* geprägt. Daher werden wir am Beispiel von *Second Life* erläutern, wie Sie virtuelle Welten zur Kandidatensuche nutzen können.

Hinweis: Obwohl alle nachfolgend vorgestellten Suchmethoden praktisch erprobt worden sind, betrachten Sie sie bitte als experimentell, da die Anzahl der Tests keine statistisch validen Aussagen zulässt.

6.1.3 Second Life

Second Life ist mit zehnjähriger Entwicklung, zehn Millionen registrierten Nutzern, von denen durchschnittlich ca. 100.000 Nutzer online sind, der unangefochtene Vorreiter der Web3D-Technologie und gleichzeitig die bedeutendste Web3D-Community. Nach eigener Definition ist *Second Life* eine virtuelle Welt - eine dauerhaft bestehende 3D-Umgebung, die vollständig von ihren Nutzern („Bewohnern") erschaffen und ständig weiter entwickelt wird. Durch die integrierten Tools* für die Inhaltserstellung und die Möglichkeit der Zusammenarbeit mit anderen Bewohnern sind der Kreativität keine Grenzen gesetzt, weshalb sich unter den Second Life Bewohnern auch besonders viele kreative Köpfe befinden.

Auch wenn *Second Life* keinen geschäftlichen Schwerpunkt hat (wie z.B. *Xing, LinkedIn*), besteht der überwiegende Teil der Nutzer aus berufstätigen Erwachsenen, denen allein aufgrund der Nutzung einer Web3D-Plattform eine überdurchschnittliche Technikaffinität unterstellt werden kann. Web3D ist, wie bereits erwähnt, von der Nutzung her anspruchsvoller als Web2.0-Anwendungen. Aus der Sicht des Personalsuchenden ist *Second Life* bei vereinfachter Betrachtung nichts anderes als ein Forum oder ein soziales Netzwerk. Mit anderen Worten ist *Second Life* eine weitere Datenbank mit Nutzerdaten.

6.1.3.1 Aktive Kandidatenrecherche

Genau wie in allen bisher beschriebenen Webanwendungen ist die Gestaltung der Nutzerprofile größtenteils den Nutzern selbst überlassen. Da *Second Life* keine professionelle Community ist, gehen die meisten Nutzer nur sparsam mit Angaben zu ihrer wirklichen Identität um, was diese Profile für die Personalsuche wertlos macht. Interessant sind dagegen Nutzer, die aufgrund ihres professionellen Engagements, z.B. für Ihre Unternehmen, Organisationen, Bildungseinrichtungen oder als Selbständige, bei der Gestaltung ihrer Nutzer-Profile realitätsgetreue Angaben zu Beruf, Standort, Sprachkenntnissen und Interessen machen, und somit zu potentiellen Kandidaten werden.

Um diese noch sehr übersichtliche Zahl von Kandidaten in Ihre Personalsuche einzubeziehen, müssen Sie im ersten Schritt weder einen Account* bei *Second Life* anmelden, noch eine spezielle Zugangs-Software installieren oder sich mit dieser für Sie neuen Plattform auseinandersetzen. Denn *Second Life* verfügt über ein Suchsystem, das über die ganz normale Webseite des Anbieters von jedem genutzt werden kann, nicht anders als jede gewöhnliche Suchmaschine. Mit dieser Suche lassen sich auch die Profile der Nutzer nach Stichpunkten durchsuchen.

Anwendungsbeispiel

Website des *Second Life* Suchsystems: **search.secondlife.com**

Eingabe: "Programmierer"

Ausgabe: Trefferliste mit Nutzer-Profilen, die das Wort „*Programmierer*" enthalten.

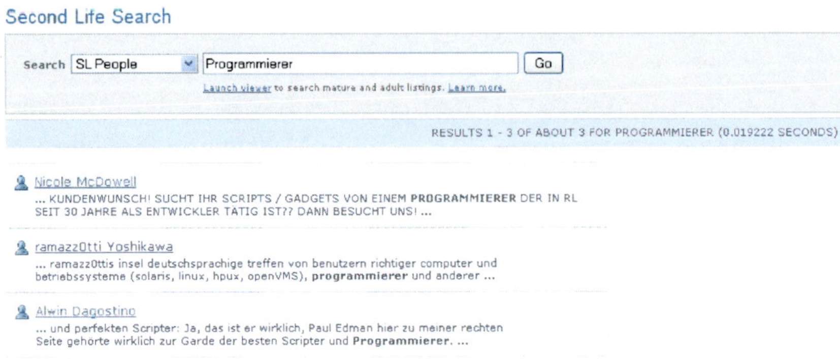

Second Life - Second Life Search mit Beispieleingabe mit Auszug aus der Trefferliste

Es ist eine positive Überraschung, dass, wenn auch sehr wenige, auch deutsche Profile auffindbar sind. Selbstverständlich gibt es wesentlich mehr englischsprachige Profile. Insgesamt gesehen haben Sie in wenigen Sekunden zusätzliche Profile für Ihren Suchauftrag bekommen. Und das ist, was wirklich zählt.

Die Kontaktaufnahme mit den so gefunden Kandidaten kann allerdings nur über einen *Second- Life-* Account* stattfinden. Dieser Account ist in der Basis-Variante kostenlos und kann innerhalb weniger Minuten über die Seite *secondlife.com* angelegt werden. Haben Sie einen Account, stehen Ihnen zwei Optionen zur Verfügung. Die naheliegendste ist die Installation des *Second Life* Clients (der Zugangssoftware) auf Ihrem Rechner. Ist der Client richtig installiert, kann er über einen Klick auf die Profildetails in den Suchergebnissen automatisch aufgerufen werden. Nach der Anmeldung wird sogleich das entsprechende Profil im *Second Life* Client geladen. Über die Funktion *„Instant Message"* können Sie den Besitzer des Profils direkt kontaktieren.

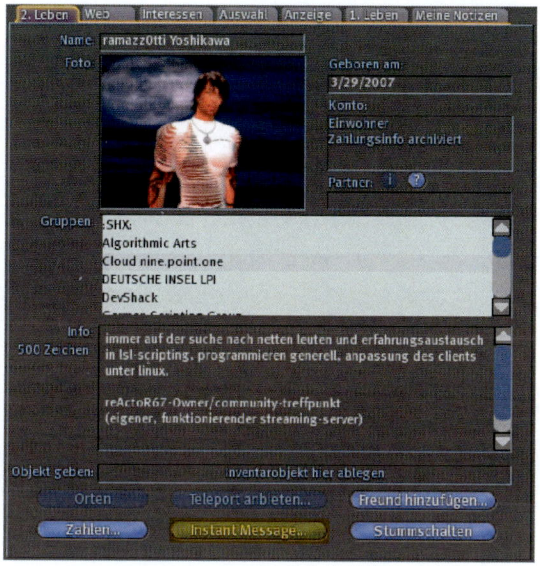

Second Life - InWorld Nutzerprofil

Sollte das automatische Aufrufen des Clients nicht einwandfrei funktionieren, laden Sie den Client ganz normal manuell. Nach der Anmeldung nutzen Sie die Suchmaske der Client-Oberfläche, um nach dem *Second-Life*-Namen, den Sie in der Ergebnisliste auf der Webseite sehen, des Nutzers zu suchen und zu seinem Profil zu gelangen.

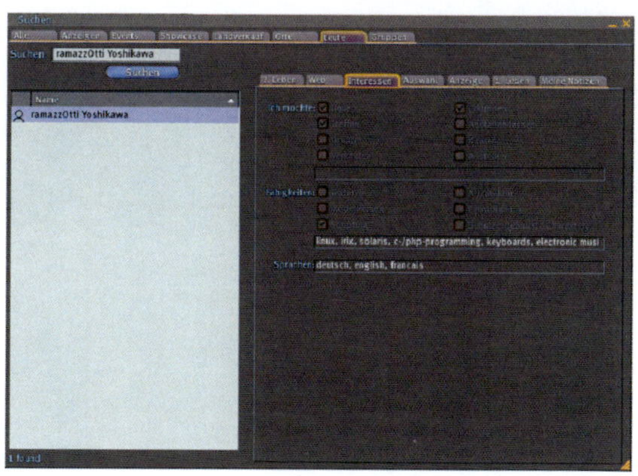

Second Life - InWorld Personensuche

Ist Ihnen die Variante mit der Client-Installation zu umständlich, gibt es inzwischen eine zeitsparende Alternative. Unabhängige Entwickler haben eine Schnittstelle geschaffen, mit deren Hilfe Sie sich über einen ganz normalen Browser* (z.B. *Firefox*) in die *Second-Life*-Welt einloggen und mit den Nutzern kommunizieren können. Ein eigener *Second Life*-Account ist jedoch auch hierbei notwendig. Rufen Sie in Ihrem Browser die Webseite **ajaxlife.net** auf. Loggen Sie sich mit Ihren Nutzerdaten ein. Über die Maske* „Suche" erhalten Sie Zugriff zum Suchsystem innerhalb der *Second-Life*-Plattform. Die Suche nach dem Namen des für Sie interessanten Nutzers führt Sie, wie im vorherigen Beispiel, zu seinem Profil und der Möglichkeit der Kontaktaufnahme.

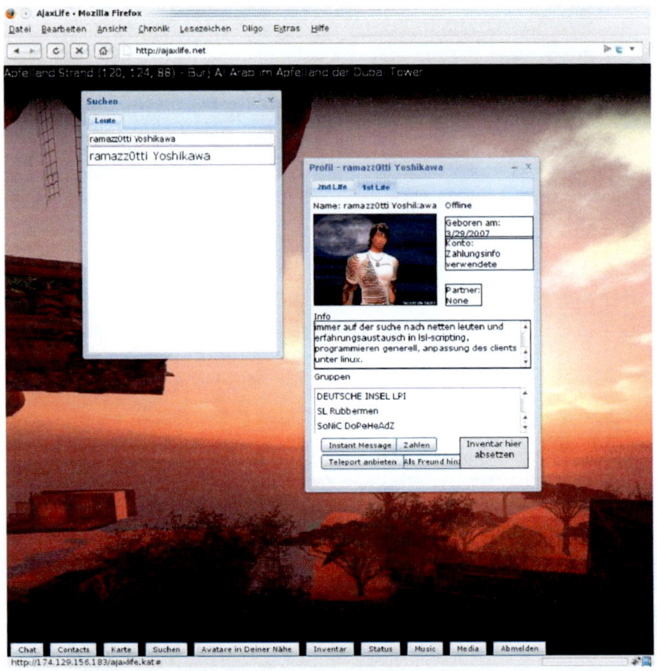

Second Life - „Ajaxlife" browserbasierter Client mit Personensuche und Nutzerprofil

Kandidatenrecherche in Gruppen

Eine weitere Möglichkeit, bei *Second Life* nach interessanten Menschen zu suchen, ist die Nutzung von Gruppen. Nicht anders als in sämtlichen bisher vorgestellten Netzwerken dienen die *Second-Life*-Gruppen dem Austausch der Nutzer untereinander. Der entscheidende Unterschied zu den aus den Web2.0-Anwendungen bekannten Gruppen besteht in der Möglichkeit der Echtzeit-Kommunikation. Nutzer, die zur selben Zeit online sind, können sich tatsächlich unterhalten, wahlweise über Tastatureingabe oder über Voicechat*.

Die technische Affinität der *Second-Life*-Nutzer spiegelt sich in einer recht hohen Zahl von Gruppen mit IT-Bezug (php, java, c++, webdesign, scripting usw.) wider.

Die Gruppen können über die Suche auf der Webseite **search.secondlife.com** oder über die Suche innerhalb von *Second Life* durchsucht werden. Dabei werden lediglich die Gruppenbeschreibungen erfasst. Die Kommunikation innerhalb der Gruppen kann nicht durchsucht werden.

Die Anmeldung in einer Gruppe ist mit wenigen Klicks erledigt. Nach der Anmeldung haben Sie die Option, Nachrichten, z.B. Hinweise auf Ihre Angebote, an einzelne Mitglieder oder an die gesamte Gruppe zu versenden.

6.1.3.2 Passive Kandidatenansprache

Zu den Möglichkeiten der passiven Suche sei kurz erwähnt, dass Sie in Web3D-Communities wie *Second Life*, ähnlich wie in Web2.0-Communities, über die Platzierung von Informationen die Aufmerksamkeit der Nutzer auf sich ziehen können. Die Möglichkeiten von Web3D sind im Bereich der Darstellung und Interaktivität wesentlich vielfältiger. Die technischen Möglichkeiten von *Second Life* erlauben z.B. die Einbindung aller Ihrer Web-Inhalte, wie Webseiten, Videos, Sounds und Feeds*, in die interaktive 3D Umgebung. Stellen Sie sich einfach vor, dass Sie in Zukunft an Stelle gewöhnlicher Stellenanzeigen interaktive Rundgänge in Ihren Betriebsräumen anbieten können. Erste Personalmessen finden in *Second Life* bereits heute mit Erfolg statt und auch die Möglichkeiten virtueller Vorstellungsgespräche werden bereits diskutiert.

6.1.4 Zukunftsperspektive

Web3D ist die Zukunft des Internets und daher Wert, ernst genommen zu werden. Der Einsatz für die Personalsuche ist bisher erst sehr eingeschränkt möglich. Mit zunehmendem Wachstum der Web3D-Communities wird er jedoch zunehmend interessanter. Bleiben Sie dran.

Auch wenn die Erörterung der Personalsuche im Web3D auf die kurze Vorstellung von *Second Life* beschränkt wurde, empfehlen wir Ihnen, sich die Namen einiger anderer Web3D-Plattformen zu merken und zwischendurch immer wieder einen Blick auf den Entwicklungsstand zu werfen.

Twinity [www.twinity.com] - eine „reale" virtuelle Welt der deutschen Firma *Metaversum*, deren virtuelle Städte originalgetreue Nachbildungen der echten Städte sind.

OpenSimulator [www.opensimulator.org/wiki/OpenSimGerman] - ist eine an Second Life angelehnte Plattform die eine Vernetzung unterschiedlicher virtueller Welten zum Ziel hat, da nur so ein Web 3D entstehen kann, das dem zweidimensionalen Web in seiner Offenheit gleicht.

Die Nutzerbasis dieser Communities ist derzeit noch relativ klein. Auch eine Durchsuchbarkeit der Nutzerdaten ist aufgrund des frühen Entwicklungsstadiums nicht gegeben. Diese Communities entwickeln sich jedoch ständig weiter in der Hoffnung, zum neuen Standard zu werden. Die Zukunft des Web3D hängt von der Entwicklung eines universalen, plattformunabhängigen Clients bzw. Browsers* ab, mit dem man unterschiedliche virtuelle 3D-Umgebungen, ähnlich wie heute Webseiten, ansteuern kann. Erst dann wird sich neben eLearning-Spezialisten und Fans der ersten Stunde auch die Allgemeinheit intensiv mit diesem Thema befassen und die Nutzerzahlen werden die für die Personalsuche notwendige Grundmasse erreichen. Wer für sein Unternehmen Führungskräfte und Spezialisten benötigt, sucht jedoch häufig Vordenker, und von denen sind einige bereits heute im Web3D.

7. Nachwort

Nachdem Sie nun die verschiedenen Methoden der Online-Personalsuche kennen gelernt haben, stellen Sie sich vermutlich die Frage, welche der aufgezeigten Methoden tatsächlich sinnvoll sind und wie eine erfolgreiche Gesamtstrategie aussieht?

Wir möchten Ihnen diesbezüglich abschließend einige Anregungen für Ihre persönlichen Überlegungen mit auf den Weg geben.

Die Erfahrung hat gezeigt, dass eine erfolgreiche und effiziente Strategie stets aus einer Kombination mehrerer („das Ganze ist mehr als die Summe seiner Teile"), jedoch keineswegs aller hier vorgestellten Suchmethoden besteht.

Welche Methoden Sie in Ihr „Such-Portfolio" einbeziehen sollten, hängt vor allem von zwei Faktoren ab.

1.) Dem zeitlichen Horizont des Suchvorhabens: suchen Sie jemanden zur Besetzung einer kurzfristigen Vakanz, oder verfolgen Sie eine langfristig Strategie, die darauf abzielt, qualifizierte Personen unabhängig von kurzfristigem Personalbedarf auf Ihr Unternehmen aufmerksam zu machen.

Während es im Rahmen einer langfristigen Personalmarketing-Strategie zur Gewinnung hochqualifizierter IT-Kräfte durchaus Sinn machen kann, eine eigene Themengruppe bei *XING* zu unterhalten, um so nach und nach ein positives Verhältnis zur Zielgruppe aufzubauen, ist diese Methode zur Besetzung kurzfristiger Vakanzen nicht empfehlenswert.

2.) In welcher Branche ist Ihr Unternehmen angesiedelt? In welchem Unternehmensbereich wollen Sie eine Stelle besetzen? Wo erreichen Sie diesbezüglich die meisten geeigneten Kandidaten? Schneiden Sie Ihre Kampagne auf Ihre Zielgruppe zu. Dies gilt insbesondere für die Auswahl geeigneter Sozialer Netzwerke, Jobbörsen und Webforen.

In einem Vertriebsforum werden Sie schwerlich einen begnadeten technischen Konstrukteur finden und in einem internationalen Sozialen Netzwerk für Geschäftsleute nur selten einen Handwerker. Bei der Suche nach sehr seltenen Berufsbildern, wie z.B. einem Oberarzt für Neurochirurgie mit einer Weiterbildung zum Intensivmediziner, ist die Direktansprache i.d.R. erfolgversprechender als eine Anzeigenkampagne. Nichtsdestotrotz sollten Sie **immer** eine gut verschlagwortete Anzeigenkampagne in ihr Recruiting-Portfolio einbeziehen, um sicher zu stellen, dass Ihr Angebot aktiv suchende Personen erreicht.

Letztendlich müssen Sie den für Sie und Ihr Unternehmen optimalen Recruiting-Mix selbst heraus finden. Beginnen Sie damit bestehende Methoden zu hinterfragen, experimentieren Sie mit Ihren neu erworbenen Fähigkeiten, und geben Sie nicht gleich auf, wenn etwas nicht beim ersten Mal klappt. Aber vor allem begegnen Sie neuen Methoden und Webanwendungen stets aufgeschlossen. Das Internet ist ein lebendiges Medium und der Wandel liegt in seiner Natur.

Ihre Fragen beantworten wir gerne unter www.personalberater-blog.de

8. GLOSSAR

Account: Als „Account" (engl. für „Benutzerkonto") werden die Benutzerkonten bei Webdiensten bezeichnet.

Administrator (Admin): Als „Administrator", oder kurz „Admin", wird der Verwalter eines Webforums bezeichnet. Er sorgt für die Einhaltung der Forenregeln und die allgemeine Pflege des Forums.

Avatar: Ein „Avatar" ist die grafische Repräsentation eines Nutzers im Web. In Internetforen und sozialen Netzwerken handelt es sich dabei i.d.R. um eine zwei-dimensionale Grafik, in virtuellen Welten ist das digitale Alter Ego eine drei-dimensionale Figur.

Boolesche Operatoren: „Boolesche Operatoren" sind logische Operatoren zur Verknüpfung der einzelnen Wörter einer Suchabfrage an eine Suchmaschine. Als Ergebnis liefert die Suchmaschine alle Dokumente, die eine der gesuchten Wortkombinationen enthalten. Die am weitesten verbreiteten Booleschen Operatoren sind AND, OR und NOT.

Bot: „Bots" (Kurzform des englischen „robots") sind Computerprogramme die vorab definierte, sich regelmäßig wiederholende Aufgaben automatisch erfüllen ohne von einem Benutzer bedient werden zu müssen. Das bekannteste Beispiel für Bots sind die Webcrawler*, mit denen Internet-Suchmaschinen Webseiten ausfindig machen und deren Inhalte auswerten (vgl. „Webcrawler").

Browser: Ein „Browser" ist eine Software, die Anwendern den Zugang zum World Wide Web ermöglicht. Bekannte Browser sind z.B. Mozilla Firefox, Opera, Safari (Apple), Google Chrome oder Internet Explorer (Microsoft).

Browser-Plugin: Ein „Browser-Plugin" ist ein einfach zu installierendes Erweiterungsmodul für einen „Browser", das diesen mit zusätzlichen Funktionen versieht. Beispielsweise enthalten viele Browser bereits bei der Erstinstallation ein Suchmaschinen-Plugin, so dass der Anwender eine Websuche direkt über den Browser durchführen kann, ohne erst die Webseite des Suchdienstes aufrufen zu müssen.

Cache: Als „Cache" (engl. für „geheimes Lager") wird der Zwischen- oder Pufferspeicher einer Suchmaschine bezeichnet. Der Cache ermöglicht dem Anwender einen schnelleren Zugriff auf Daten, als wenn diese bei jeder Abfrage neu erhoben werden.

case-insensitive: Eine Suchmaschine die „case-insensitive" ist, unterscheidet bei der Auswertung der Nutzereingabe nicht zwischen Groß- und Kleinschreibung. Beispiel: Die Eingaben „Online-Personalsuche" und „online-personalsuche" führen folglich zu derselben Ergebnisliste.

Channel (IRC): „Channel" (engl. für „Kanal") werden in „Internet Relay Chat (IRC) "-Netzwerken die einzelnen (Themen-) Kanäle genannt.

Client: Ein „Client" (engl. für „Kunde") ist ein Programm auf dem Rechner des Endnutzers, das von einem „Server" (engl. für „Dienstleister") auf einem beliebigen anderen Rechner einen Dienst anfordert, den dieser bereitstellt. Viele Menschen nutzen bspw. den Email-Client „***Outlook***" der Firma ***Microsoft*** um von einem Email-Server ihre Emails abzurufen.

Community: Als „Community" (engl. für „Gemeinschaft") wird die Gesamtheit der Nutzer einzelner Internet-Netzwerke, wie z.B. Foren oder sozialen Online-Netzwerken bezeichnet.

Content: Als „Content" wird jegliche Art von Webinhalten bezeichnet, wie z.B. Texte, Videos etc..

Deep Web: Das „Deep Web" (engl. für „Tiefes Web") beschreibt den Teil des World Wide Webs, der nicht über Suchmaschinen zugänglich ist.

Deskriptor: Ein „Deskriptor" ist ein normiertes Schlagwort aus einem kontrollierten, verbindlichen Vokabular, das im Rahmen einer einheitlichen Verschlagwortung verwendet wird. Suchmaschinen z.B. verwenden „Deskriptoren" zur Verschlagwortung der im Suchmaschinen-Index gespeicherten Webinhalte.

Domain: Eine „Domain" beschreibt den Ort einer Webseite (z.B. personalberater-blog.de). Das Länderkürzel am Ende der Webadresse (hier: „.de") wird als Top-Level-Domain bezeichnet, der links davon stehende Teil (hier: „personalberater-blog") als Second-Level-Domain.

FAQ: „FAQ" ist eine Abkürzung für „Frequently Asked Questions" (engl. für „Häufig gestellte Fragen"). Es handelt sich um eine Liste von Fragen und den dazugehörigen praktischen Antworten zur Beschreibung einzelner Aspekte eines Webangebotes. FAQ erfüllen die Aufgabe einer Bedienungsanleitung.

Feed: Ein „Feed" (engl. für „Einspeisung" oder „Fütterung") ist ein personalisierter automatischer Nachrichtenticker. Häufig wird auch von News-Feed, RSS-Feed oder Atom-Feed gesprochen. Normalerweise müssen Internetnutzer Webseiten manuell aufrufen, um sich über deren Aktualisierung oder bloße Änderung zu informieren. Ein „Feed" automatisiert diesen Vorgang indem er den Nutzer automatisch mit neuen Informationen zu den gewünschten Themen versorgt. Das Vorhandensein eines „Feeds" wird auf Webseiten durch eine kleine orange-farbene Grafik dargestellt, in deren linker unterer Ecke ein weißer Punkt und zwei gewölbte weiße Linien ein Sendesignal symbolisieren. Alternativ findet man den Feed einer Webseite manchmal auch unter dem Hinweis „Abonnieren".

Feed-Reader: Ein „Feed-Reader", auch News- oder RSS-Reader genannt, ist ein Programm, dass dem Nutzer durch die Aggregation von Feeds die Bündelung und das Lesen von Informationen wie z.B. Nachrichten oder Blogbeiträgen an einem zentralen Ort ermöglicht. Bekannte Feed-Reader sind z.B. ***Google Reader*** und ***Bloglines***. (siehe auch: Feed)

Hashtag: Ein „Hashtag" ist ein Stichwort zur Verschlagwortung von Nachrichten in Microbloggingdiensten, dass mit einem Rautezeichen (#) beginnt. Beispiel: Dies ist ein #hashtag. (vgl. Tag)

Index: Siehe „Suchmaschinen-Index"

IP-Adresse: Die „IP-Adresse" ist das numerische Gegenstück des Domain-Namens, der jeden Computer im Internet eindeutig lokalisiert. (siehe auch: Domain)

Keywording: Der Begriff „Keyword" (engl. für „Schlüsselwort") bezeichnet die Suchbegriffe, die bei der Websuche in Suchmaschinen eingegeben werden. An Hand dieser Begriffe kann die Suchmaschine die entsprechenden Ergebnisse an den Suchenden ausliefern. „Keywording" bezeichnet den Prozess der Keyword-Identifizierung im Vorfeld einer Suche. Durch „Keywording" soll vermieden werden, dass Informationen aufgrund von unterschiedlichem Sprachgebrauch von Informationsnachfrager und Informationsanbieter nicht gefunden werden. „Keywording" softwaregestützt, mit Hilfe von sog. „Keywordtools"*

Keyword-Tool: „Keyword-Tools" sind Softwareanwendungen zur Unterstützung des „Keywording"-Prozesses (siehe auch: Keywording)

Konfiguration: „Konfiguration" bezeichnet die Anpassung von Einstellungen an der Soft- oder Hardware von Computern.

Maske: „Maske" wird das Eingabeformular von Datenbanken und Suchmaschinen genannt.

MMORPG: „MMORPG" ist die Abkürzung für „Massively Multiplayer Online Role Play Games" und wird als Oberbegriff für webbasierte Rollenspiele benutzt. Schauplatz von MMORPGs sind virtuelle Welten in denen sich häufig rund um die Uhr mehrere tausend Spieler gleichzeitig befinden.

Nickname: „Nickname" (engl. für „Spitzname"), oder kurz „Nick", werden die Nutzernamen in Internetplattformen genannt, z.B. in sozialen Online-Netzwerken, Webforen oder im Internet Relay Chat.

Online-Reputation: Die „Online-Reputation" eines Menschen bezeichnet den „Ruf" einer Person im Internet. Sie resultiert aus der Gesamtmenge der über Internet-Suchmaschinen öffentlich zugänglichen Daten mit Bezug zu einer Person, insbesondere auf Webdokumenten von und über die betreffende Person.

Pay-per-Click (PPC): „Pay-per-Click" bezeichnet ein Abrechungsverfahren in der Online-Werbung bei dem für jeden Klick auf einen Werbeträger ein bestimmter Geldbetrag gezahlt werden muss. Das Pay-Per-Click-Verfahren basiert auf der Idee der Messbarkeit von Werbeerfolgen.

Phrasensuche: „Phrasensuche" bezeichnet die Websuche nach einer „Phrase", einem Suchbegriff aus mehreren inhaltlich zusammenhängenden Wörtern. (siehe auch: Phrase)

Post(ing): Als „Post", oder „Posting", werden Beiträge in Internetforen, Blogs und sozialen Netzwerken bezeichnet.

Provider: Ein „Provider" ist ein Anbieter von Telekommunikations- bzw. Internetdienstleistungen.

Recruiter: Ein „Recruiter" (engl. für „Personalbeschaffer) ist eine Person deren Beruf die Anwerbung/ Beschaffung von Personal ist. Ein „Recruiter" kann sowohl in der Personalabteilung eines Unternehmens als auch in einer Personalberatung oder Personalvermittlung arbeiten.

Retention (USENET): „Retention" bezeichnet die Dauer der Archivierung von Nachrichten bzw. Inhalten bei Internetdiensten.

Screenshot: Ein „Screenshot" (engl für „Bildschirmfoto") ist eine Aufnahme eines Computerbildschirms und wird i.d.R. zur Veranschaulichung von Softwareanwendungen eingesetzt.

SERPs: „SERPs" ist die Kurzform von „Search Engine Result Pages" und bezeichnet die Ergebnislisten von Suchmaschinen.

Server: Ein „Server" ist ein Computer mit Server-Software, der mit einem anderen Programm auf einem anderen Computer, dem Client, kommuniziert, um ihm Zugang zu speziellen Dienstleistungen (genannt Dienste) zu verschaffen.(siehe auch: Client)

Site: „Site" ist die Kurzform des englischen Begriffs „Website" und bezeichnet einen Webauftritt aus mehrere Unterseiten.

Social Bookmarking: „Bookmarks" ist die englische Bezeichnung für „Lesezeichen" bzw. „Favoriten", eine Browser-Funktion zur Speicherung häufig besuchter Webseiten. „Bookmarks" steigern die Anwenderfreundlichkeit, da sie dem Nutzer einen schnellen Zugriff auf Webseiten ermöglichen, ohne jedesmal die URL eingeben zu müssen. „Social-Bookmarking"-Dienste sind Internet-Plattformen zur gemeinsamen Datenverwaltung und zum Austausch von Weblinks zu speziellen Interessengebieten. „Social-Bookmarking"-Dienste dienen der Online-Zusammenarbeit und Benutzerkommunikation. Ein Beispiel für „Social-Bookmarking" ist die Social Bookmarkingseite diigo.com.

Soziale Netzwerke (Social Networks): „Soziale Netzwerke" sind Webgemeinschaften, welche technisch durch Web-2.0-Anwendungen oder Portale beherbergt werden.

Spider: Ein „Spider" ist ein Indizierungsprogramm von Suchmaschinen, welches durch das Verfolgen von Hyperlinks in bereits bekannten (indizierten) Webdokumenten neue Webdokumente ermittelt und auswertet. „Spiders" werden auch „Webcrawler" genannt. (vgl. „Bot")

Statusmeldung: Eine „Statusmeldung" ist eine Kurznachricht in sozialen Netzwerken, die dem Zweck dient andere Nutzer über das aktuelle Befinden oder einen anderen aktuellen Aspekt des Privat- oder Berufslebens zu informieren.

Stop-Wörter: „Stop-Wörter" bezeichnen Wörter die bei einer Suchabfrage aufgrund ihres geringen Aussagewertes von Suchmaschinen nicht berücksichtigt werden, wie z.B. bestimmte und unbestimmte Artikel.

Suchagent: Ein „Suchagent" ist ein Benachrichtigungsdienst, der den Nutzer beliebiger Webdienste über neue Informationen zu den von ihm gesuchten Themen unterrichtet, so z.B. über neue Stellen- oder Wohnungsangebote.

Suchalgorythmus: Ein „Suchalgorythmus" ist ein auf mathematischen Verfahren basierendes Programm, mit dem Suchmaschinen die im „Suchmaschinen-Index" gespeicherten Daten nach den vom Anwender abgefragten Informationen durchsuchen. (vgl. Suchmaschinen-Index)

Suchkette: Eine „Suchkette" ist eine Suchabfrage aus mehreren Suchbegriffen, die durch Boolesche und erweiterte Suchmaschinen-Operatoren miteinander verknüpft sind.

Suchmaschinen-Index: Ein „Suchmaschinen-Index" ist die Datenbank, in der Suchmaschinen die von ihnen erfassten Webdokumente speichern. Er bildet die Datengrundlage zur „Beantwortung" der Suchanfragen.

Suchphrase: Eine „Suchphrase" bezeichnet einen Suchbegriff aus mehreren inhaltlich zusammenhängenden Wörtern, z.B. einen Mehrwort-Begriff oder einen Satzteil. Bei der Eingabe einer „Phrase" in Suchmaschinen wird diese in Anführungszeichen gesetzt.

Surface Web: Das „Surface Web" (engl. für „Oberflächenweb") bezeichnet den Teil des World Wide Webs, der von Suchmaschinen erfasst werden kann bzw. wird. (vgl. Deep Web)

Tag: Ein „Tag" (engl. für „Auszeichnungsschild") ist ein Stichwort, dass einem Webdokument im Rahmen seiner Verschlagwortung zugewiesen wird und anhand dessen es von anderen Nutzern gefunden werden kann. Beispielsweise würde man die Webseite der Bundesliga mit dem „Tag" „***Fussball***" versehen. (siehe auch „Tagcloud")

Tagcloud: Eine „Tagcloud" (engl. für „Wortwolke") ist eine häufigkeitsbasierte grafische Darstellung der auf einer Webseite verwendeten Begriffe. Häufig gebrauchte Wörter werden in einer „Tagcloud" fetter dargestellt, als Worte die seltener genutzt werden.

taggen: „Taggen" wird der Prozess der Verschlagwortung von Webdokumenten genannt.

Thread: Ein „Thread" ist ein Diskussionsbaum, wie er z.B. durch schriftliche Beiträge mehrerer Nutzer in Webforen oder im USENET entsteht.

Title: Als „Title" (engl. für „Titel") wird die Titelzeile einer Webseite bezeichnet. Der „Title" wird i.d.R. im oberen Rand des Browsers angezeigt. (vgl. Browser)

Tool: Als „Tool" (engl. für „Werkzeug") werden Softwareanwendungen aller Art bezeichnet. (vgl. Webtool)

Topic: Ein „Topic" (engl. für „Gesprächsthema") ist ein Gesprächsthema. Beiträge, die nicht zu einem Thema passen werden als off-topic bezeichnet.

Tutorial: Ein „Tutorial" ist eine Anleitung zum eigenständigen Erlernen von z.B. Softwareanwendungen.

URL: „URL" ist die Kurzform von „Uniform Ressource Locator" und bezeichnet die komplette Adresse einer Internetseite. Diese besteht aus einem Dienstpräfix wie „http:// ", dem Servernamen plus Domain und ggf. dem Namen des Pfades und des Dokuments.

Virales Marketing: Der Ausdruck „Virales Marketing" stammt aus dem Online-Marketing und bezeichnet die „virusartige" Ausbreitung von Webinhalten, wie z.B. Videos durch gegenseitige Empfehlungen von Webnutzern. Das früheste Beispiel für erfolgreiches „virales Marketing" in Deutschland war das Computerspiel „Moorhuhn" Ende der 90er Jahre. Geplantes „Virales Marketing" gilt als die Königsdisziplin im Online-Marketing.

Voicechat: „Voicechat" bezeichnet den fernmündlichen Austausch über das Internet mit Hilfe von Headsets. Der Begriff wird häufig im Zusammenhang mit virtuellen Welten und Webinaren (webbasierte Seminare) gebraucht.

Webanwendung: Eine „Webanwendung" ist eine webbasierte Software-Anwendung.

Webcrawler: Ein „Webcrawler" ist ein Indizierungsprogramm von Suchmaschinen, welches durch das Verfolgen von Hyperlinks in bereits bekannten (indizierten) Webdokumenten neue Webdokumente ermittelt und auswertet. (vgl. „Bot")

Webtool: Als „Webtool" (engl. für „Netz-Werkzeug") werden webbasierte Softwareanwendungen bezeichnet.